蜂鸟摄影学院
单反摄影 从入门到精通
（蜂鸟微课堂实战教学版）

蜂鸟网 编著

人民邮电出版社
北 京

图书在版编目（CIP）数据

蜂鸟摄影学院单反摄影从入门到精通 ： 蜂鸟微课堂实战教学版 / 蜂鸟网编著. -- 北京 ： 人民邮电出版社，2018.3
ISBN 978-7-115-46828-4

Ⅰ．①蜂… Ⅱ．①蜂… Ⅲ．①数字照相机－单镜头反光照相机－摄影技术 Ⅳ．①TB86②J41

中国版本图书馆CIP数据核字（2017）第285804号

内 容 提 要

蜂鸟网是全球知名的中文影像生活门户网站，拥有500万注册网友。"蜂鸟摄影学院"系列图书自2012年起一直得到读者的关注和好评。本次蜂鸟网又集结了网站全部的优秀资源并邀请网站十余位资深网友提供了精湛的作品和拍摄经验，特别针对摄影爱好者、摄影初学者在摄影学习和实践方面的需求，共同创作了本书。本书还结合了蜂鸟网微课堂的部分免费和收费课程，将课程二维码植入本书，使读者不仅能看书学习，还可以听课学习，加深理解。

本书不仅讲述了如何选择数码单反相机，还对相机的基本使用方法和技巧、光圈和快门、P挡、曝光补偿、对焦技巧、相机的基本设置、镜头的选择等进行了介绍，并结合实例对摄影的构图方式、人像摄影拍摄技巧、旅行当中的实战技巧、风光摄影的拍摄技能都进行了全面的剖析，让摄影爱好者能够系统地学习摄影。

本书讲述清晰、细致，非常适合广大摄影爱好者、摄影初学者阅读学习。

♦ 编　著　蜂鸟网
责任编辑　胡　岩
责任印制　周昇亮

♦ 人民邮电出版社出版发行　　北京市丰台区成寿寺路 11 号
邮编　100164　电子邮件　315@ptpress.com.cn
网址　http://www.ptpress.com.cn
北京富诚彩色印刷有限公司印刷

♦ 开本：787×1092　1/16
印张：19.75　　　　　　　　　2018 年 3 月第 1 版
字数：765 千字　　　　　　　2018 年 3 月北京第 1 次印刷

定价：99.00 元

读者服务热线：(010)81055296　印装质量热线：(010)81055316
反盗版热线：(010)81055315
广告经营许可证：京东工商广登字 20170147 号

有变化就会有机遇

在2012年，蜂鸟网十二岁生日的时候，我们隆重推出了第一本以摄影技巧为主题、广大蜂鸟网友优秀作品为主干线的《蜂鸟摄影学院单反摄影宝典》。此书一经推出，就收到来自各界的好评，并多次蝉联摄影类图书热销榜榜首。时隔五年，我们应读者的需求并秉承精耕细作的思路，推出《蜂鸟摄影学院单反摄影从入门到精通（蜂鸟微课堂实战教学版）》，希望该书能够带给读者更鲜活的知识和更轻松的学习方式。

此次改版，除了图书结构和图片的更新，更大的一个改变是加入了蜂鸟微课堂的课程内容。蜂鸟微课堂，一个活跃在微信、千聊、腾讯课堂、网易云课堂、喜马拉雅FM等多个平台的摄影教学IP。我们用更生动、更直观的直播形式，用语音、视频将摄影的知识交付给大家。截至2017年12月28日，蜂鸟微课堂邀请了各领域内的多位资深摄影师——赵嘉老师、冯晓辉老师、Oneice一冰、摄影师武林、游弋、赵君、吴玮、肉肉、May、会拍照的咔咔、极影Joyous周游……（排名不分先后），在摄影理论基础、器材、人像、风光、后期、手机摄影等领域打磨了86套精品课程。在此书中，部分老师将会在相关章节中与大家见面，其中我们提供了14节免费课程和8节付费课程，让读者在阅读本书的过程中，能够更加方便快捷地理解书中所讲的相关技巧。应该说这不仅是一本摄影书，更是一部结合了众多摄影师多年摄影经验的宝典。

2017年已经接近尾声，回首这一年有太多的记忆留存在脑海中，我们所身处的影像行业发生着巨大的变化，有变化当然就会有机遇。蜂鸟网会一如既往地秉承专业的态度，结合时下热点，进一步整合影像行业最优质的内容和资源，不断推出更多、更好的摄影类图书。在这里我们要感谢多年来与蜂鸟网一同成长的影友们，是你们的支持、关心与帮助让我们走到今天，希望我们可以肩并肩携手筑造更美好的未来。

蜂鸟微课堂运营总监 李姗姗

目录

第6章 六个最重要的功能
——一次设定，终身受益　138

第7章 完美的镜头　162

第**1**章

非单反，不创作

摄影是一门流行的大众艺术，有了照相机，人人都可以参与其中；但摄影艺术创作却并非如此，如果我们对摄影创作的本体要素没有基本的认识，混混沌沌地、娱乐式地拍摄，兴趣自然越来越消减、褪去。了解了摄影的本体要素，就如同在暗夜的街道上，看到一扇打开的明亮之门，让我们的摄影创作有了明确的目标与方向。

1.1　选择单反的理由

　　就像绘画一样，尽管可以用手指涂抹、用水桶泼墨，但绝大多数绘画作品，还是用笔画出来的。摄影创作也是如此，尽管可以用手机拍摄，但主流的摄影作品，一定是用照相机拍摄出来的。毋庸置疑，大至风光、建筑、人像，小到花鸟鱼虫，要想拍成艺术作品，就一定要用数码单反照相机。

■ 1.1.1 成像的品质保证

　　对于摄影师来说，一张作品的成像质量，是要经得起放大来看的。无论是用于印刷，还是放大参加展览，都要呈现到纸面上来，贴近仔细观看；另外，如果是在电脑屏幕上检验，也要在专业的显示器上将电子图像放大到 100%，仔细去检查细节。

丁博 摄
焦距 50mm，光圈 f/13，速度 8s，ISO100

史飞 摄
焦距 150mm，光圈 f/4，速度 1/1250s，ISO100

■ 1.1.2 硬件设备的保证

一台庞大的数码单反照相机，里面的各种复杂而饱含科技含量的元件和部件都不是摆设。比如，数码相机的核心部件感光元件 CMOS，它的尺寸大小，直接关系到成像的质量，更关系到巨额的成本；还有我们看得见的晶莹闪亮的大眼睛镜头，与那些玻璃珠似的镜头，自然不可同日而语。

赵圣 摄
焦距 21mm，光圈 f/18，速度 30s，ISO100

■ 1.1.3 功能与创意

一个好的摄影创意，需要照相机有相应的功能来实现。比如，拍摄人像要虚化背景时，就需要控制光圈，使用光圈优先功能；拍摄流水，想要慢门展现水的流动时，需要控制速度，使用速度优先功能；拍摄光影对比，还要曝光补偿。这些摄影的创意，一定要用相机的相应功能来实现。

■ 1.1.4 细致的操作控制

　　摄影创作是一个精细的过程。构图、对焦、测光、曝光、拍摄等步骤，每一步都要控制到位，否则照片就一定会失败，根本就没有挽回的余地。这把摄影师培养成了一个精益求精的人，在拍摄的时候，他甚至会考虑此时是该减 -0.5EV 曝光量，还是减 1/3EV 曝光量。如果照相机上没有这样细微的控制，就无法满足摄影师的基本要求。

陈杰 摄
焦距 24mm，光圈 f/4，速度 1/200s，ISO400

■ 1.1.5 镜头与配件

数码单反照相机，是一套摄影器材的核心，围绕着这个核心，还有相当多的配套器材，如镜头、滤镜、三脚架、快门线等，这些能影响以及扩展拍摄创意与效果。随着摄影水平的提高，会发现在各式器材的辅助下，能展现无限的摄影创作空间。

问号 摄
焦距 24mm，光圈 f/8，速度 14s，ISO200

■ 1.1.6 专业的创作感觉

　　使用专业的摄影器材，才会有专业的创作感觉。这是一个绝对化的命题，肯定会有人不同意。但对于一个摄影师来说，端起专业的照相机，从取景框里去观察思考的心态，一定和举起手机来拍是不一样的。

　　心态决定作品的感觉。等大家创作的作品多了，我们可以进一步讨论这个问题。

刘念 摄
焦距 24mm，光圈 f/4，速度 1/60s，ISO1250

1.2　挑选适合的机型

针对佳能数码单反照相机复杂多样的机型，只要从它的感光元件尺寸入手，区分起来就清晰多了。佳能的全画幅数码单反照相机，一定是专业级或准专业级；而非全画幅数码单反照相机，则属于中级或入门级。

佳能数码单反照相机及分类

全画幅			APS-c 画幅（非全画幅）		
EOS-1D 系列	EOS 5D 系列	EOS 6D 系列	EOS 7D 系列	EOS 80D 系列	EOS 750D 系列
专业级	专业级	准专业级	中级	中级	入门级
专业摄影师、记者	摄影发烧友、摄影爱好者		摄影发烧友、摄影爱好者		摄影发烧友、家庭用户

1.3　乱花迷眼的 5D 系列

佳能的 EOS 5D 系列是一个经典，也是一个至今仍在延续的传奇，它是摄影发烧友最关注的机型。当时的佳能"无敌兔"简直火遍天下，成了销售奇迹。这才催生了现今机型迷乱的佳能 5D 系列，让消费者简直无从选择。

■ 1.3.1 退场中的EOS 5D Mark III

"无敌兔"退出舞台后，5D3 是顺位继承者，它的风格是稳扎稳打、中规中矩的沉稳风格，对应 2230 万像素的全画幅感应器，高品质画质自然没得挑，对焦、测光、连拍功能，能满足摄影师和发烧友的全部创作需求。相比 5D2，5D3 还有多次曝光、HDR 等创意功能，开发了新的创作空间。外观上看，镁铝合金的金属机身，专业的手感，外出创作绝对和专业摄影人士的身份匹配。

史飞 摄
焦距 14mm，光圈 f/4，速度 30s，ISO1600

问题是 EOS 5D Mark III 的表演时间已经进入倒数阶段，这就是电子产品的命运。

■ 1.3.2 尴尬的EOS 5DS / EOS 5DS R

5D2 和 5D3 的成功，冲昏了佳能设计团队的头脑。他们准备推出一个超级王牌，铆足了劲头，倾尽心血推出的 EOS 5DS / EOS 5DS R，却落得个折戟沉沙，只留下了悲凉的身影。"全画幅 5060 万像素——EOS 史上最高像素的表现力"，这是 EOS 5DS / EOS 5DS R 的宣传语，而它的失败，也在于此。过于追求高像素、高品质，不但超过了使用者的承受能力，而且还使自身的功能受到拖累，如连拍速度和图片存储时间都受影响等。

EOS 5DS / EOS 5DS R 最主要的问题，在于它们与佳能自主品牌 EF 镜头的匹配。大多数的佳能镜头分辨力，不足以满足如此高像素的照相机机身，导致佳能推出了一个"EOS 5DS / EOS 5DS R 推荐镜头名单"，很多常用镜头都不在名单之内，这让佳能的"铁粉"们情何以堪啊？由此也不难理解它们的悲惨命运了。

Gyeonlee 摄
焦距 35mm，光圈 f/2，速度 1/600s，ISO640

■ 1.3.3 继任扛旗者EOS 5D Mark IV

5D3 必须退场，下一代的接班者还得扛起 5D 的大旗，EOS 5D Mark IV 是必然。有了 EOS 5DS / EOS 5DS R 的经验教训，设计团队又塌下心来，走稳前行的步伐，不再搞异军突起的冒进。EOS 5D Mark IV 像素量是 3040 万像素（尽管有 6080 个光电二极管，提供高画质），连拍速度、高感光度等技术指标也在合情理的范围内，较 5D3 稳步提高。

EOS 5D Mark IV 最吸引人的地方，是在拍摄功能上的提高，这对于拍摄者来说最为实用。6080 个光电二极管对应 3040 万像素，是否全像素双核 CMOS 图像感应器的新技术元件？这项技术对于提高并凸显清晰度、改善虚化效果等是否真正有效果？另外的 4K 拍摄、追踪对焦等视频拍摄技术，以及移动互联技术，也是顺应时势的要求。

1.4　6D，过把全画幅的瘾

　　EOS 6D 的特点明确——就是全画幅——因为有的拍摄者就喜欢全画幅。之所以 EOS 6D 能够被定位在准专业级，也是因为全画幅。除此之外，这款相机的其他技术功能指标都属于中等，而且它的价位也和中级相机大致持平。所以，这就是它存在的原因。

丁博 摄
焦距 200mm，光圈 f/2.8，速度 1/2000s，ISO400

1.5 有个性的 7D

如果你是一个有个性的拍摄者，根本就不纠结于是不是全画幅、有多少像素、将来升级怎么办，这些想起来就头痛的麻烦事情，你只想有一个拍得好、拍得快、像样的照相机，那选择 EOS 7D Mark II 准没错。它的所有拍摄技术指标都是专业级别，成像品质无可挑剔，对焦系统先进，甚至在每秒 10 张的连拍功能上，还超越了专业级相机。它的价位非常合适，而且在官网上购买，还赠送 WiFi 适配器（嘿嘿，当时设计漏下了，现在补上，EOS 7D Mark II 就成了全金属超人了）。

为 EOS 7D Mark II 配备镜头，有两类原厂镜头可选，既可以选择全画幅的 EF 镜头，也可以选择非全画幅的 EF-S 镜头，对比性价比，总有一款适合你。

陈杰 摄
焦距 70mm，光圈 f/4，速度 1/500s，ISO400

1.6 中级机型的 77D 与 80D

这两款是中级机型的代表，佳能的中级机型，几乎是每 2 年就要更新一次。整个 80D 系列的中级机型，其实是佳能新技术的实验场，每当有新的拍摄新技术研发出来，都要在这个系列机型上先运用一下，待运行没问题，再在专业机型上运用。全像素双核 CMOS AF 技术，就是首先应用于这个系列上的。

EOS 77D 是一个新开发的命名，以前这个系列都是整十位数增加的，可在 EOS 80D 推出后，又新推出一个 EOS 77D 令人费解。仔细观察，才会发现，EOS 80D 的技术侧重点还是传统的照片拍摄，而 EOS 77D 的技术侧重已经转向短片拍摄了。

这个系列和同处非全画幅的 EOS 7D Mark II 相比，不足在于成像品质、连拍速度、对焦系统等的硬件微弱差别，而优势在于它的新技术运用和移动互联等时尚功能遥遥领先。

陈述 摄
焦距 100mm，光圈 f/2.8，速度 1/1600s，ISO100

1.7 入门机型的 750D 和 760D

EOS 750D 和 EOS 760D 是针对家庭用户的入门机型，该有的拍摄功能都有，对于学习摄影和日常创作来说，也是足够的。只是成像品质、对焦系统等硬件都略低一档。虽然光线好的情况下，拍摄效果并不一定就差，但从实际使用的拍摄感受上，总感觉不那么专业。

EOS 750D 和 EOS 760D 相比，EOS 760D 的机身显示屏和按钮的设置，更接近于中级机型，对于学习摄影更加适合。

EOS 750D   EOS 760D

董帅 摄
焦距 85mm，光圈 f/4，速度 1/1250s，ISO640

1.8 灵巧的微单

　　佳能的微单数码照相机，和非全画幅的数码单反接近，只是在取景系统中，省略了机身内的反光镜和取景五棱镜。佳能将这类照相机命名为微型可换镜数码相机。这类相机现在有两类 4 款，一类是 EOS M3 和 EOS M10，这是早期机型，比较低端；另一类是高端的 EOS M5 和 EOS M6，这两款带有复古的风潮，宣扬着 20 世纪 50 年代的金属机械造型，甚至连命名都带着徕卡的味道，有着文艺情节的人，可以入手一台，即使作为收藏，也是不错的。

　　EOS M 系列的微单，有着专为其设计的 EOS M 系列镜头，同时，通过使用佳能 EF-EOS M 镜头转接环，也可以使用上大部分的 EF 和 EF-S 镜头，解决了其配套镜头少的缺陷。

EOS M3（套机）

EOS M10（套机）

EOS M5（套机）

EOS M6（套机）

EF-EOS M 转接环，如果有佳能单反的镜头，就一定要配上这个配件。

陈述 摄
焦距 24mm，光圈 f/8，速度 1/2s，ISO100

第2章

1. 帮助大家理解光圈与快门速度。
2. 介绍在照相机上操控光圈与快门速度的方法。
3. 掌握照相机上两个重要的机构——模式转盘和主拨盘。

光圈与速度
——不得不讲的技术问题

赵圣 摄
焦距 14mm，光圈 f/10，速度 4s，ISO200

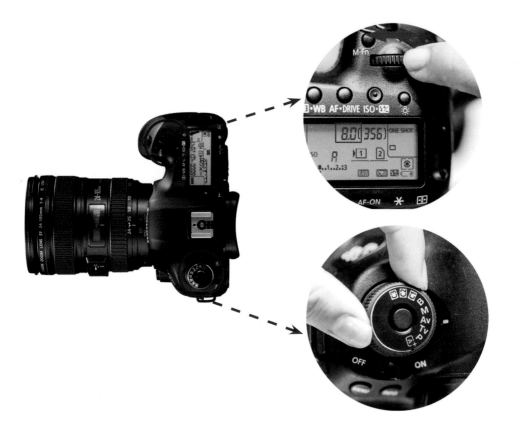

主拨盘

模式转盘

2.1　要虚化，用光圈——Av 模式的使用

■ 2.1.1 控制光圈的作用：让背景清晰或虚化

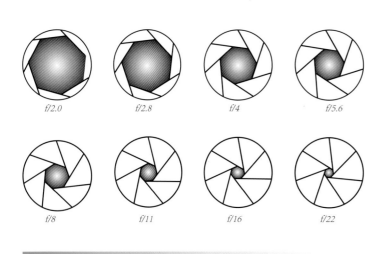

f/2.0　　f/2.8　　f/4　　f/5.6

f/8　　f/11　　f/16　　f/22

| 背景清晰 | → | 背景虚化 |
| 拍风景 | | 拍人像与花卉 |

光圈什么样

光圈就像眼睛中的瞳孔，能变大变小，它安装在镜头里，我们可以控制光圈的大小。

光圈的大小，是由一系列的 f/ 数值来表示的。

光圈 f/ 后面的数值越大，如 f/22，光圈的开孔就越小，照片背景就越清晰。

光圈 f/ 后面的数值越小，如 f/2.8，光圈开孔就越大，照片背景就越虚化。

陈述 摄
焦距 24mm，光圈 f/11，速度 1s，ISO100

f/11 为小光圈，能够带来极度清晰的效果，前景的树木、中景的城市，以及远景的山峦都历历在目，给人以强烈的视觉冲击。这是风景照片的显著特点。

陈杰 摄
焦距 50mm，光圈 f/2，速度 1/200s，ISO100

f/2 为大光圈，带来的是背景的强烈虚化效果，除了画面中最前面的红黄的枫叶外，背景中的树林已经完全不可分辨了，作为虚化的背景，起衬托渲染作用。这是动植物小品创作常用的艺术手法。

■ 2.1.2 Av模式

Av 模式，即光圈优先拍摄模式，是由拍摄者根据创意需要，来主动设定光圈值大小，控制作品中背景的虚化效果。它是拍摄风光、人像和动植物题材时，最常使用的拍摄模式。

操作方法

1. 转动模式转盘对准 Av。2. 右手食指转动主拨盘转轮，调整光圈值。3. 在下方的肩部液晶屏上，可以看到设定的光圈值。

2.2　万能光圈 f/8：日常、旅行与留念

光圈 f/8，是日常拍摄运用最多的光圈设定。

使用光圈 f/8 拍摄风光、建筑，整幅作品清晰度高，光影明暗反差和色彩饱和度都是上佳的表现。

使用光圈 f/8 拍摄人像纪念照，人物主体清晰锐利，而近处背景较为清晰，远处背景较为虚化，适合于拍摄人物和景物相结合的照片，如纪念照等。

光圈 f/8 的适用范围非常广泛，在旅行拍摄、家庭留念、自然风景、乡村民俗和城市建筑等题材中，都会被大量地使用到，而且拍摄效果极佳。

操作方法

1. 转动模式转盘对准 Av。

2. 右手食指转动主拨盘，调整光圈值至 f/8。

3. 右手食指移动到快门按钮，先半按快门按钮，相机完成自动曝光过程。

4. 右手食指不要抬起，完全按下快门完成拍摄。

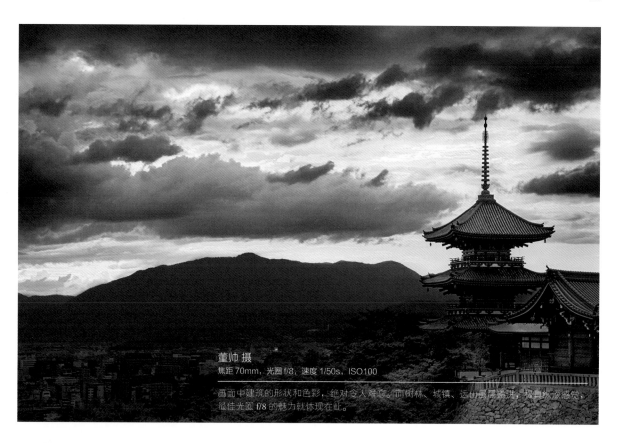

董帅 摄
焦距 70mm，光圈 f/8，速度 1/50s，ISO100

画面中建筑的形状和色彩，绝对令人难忘。而树林、城镇、远山层层递进，极具纵深感觉，最佳光圈 f/8 的魅力就体现在此。

丁博 摄
焦距 15mm，光圈 f/8，速度 1/500s，ISO100

情景交融，相得益彰，人和山水都要清晰展现。拍摄时将焦点设定在人物身上，人物自然清晰，而设定使用光圈 f/8，湖水山川也能清晰展现了。注意，最佳光圈 f/8，使得画面的色彩清晰自然，而在明暗变化上，白云的细节层次丰富，而远山阴影处的绿树，同样丰富多彩。

陈述 摄
焦距 24mm，光圈 f/8，速度 1/400s，ISO100

多数摄影师在日常拍摄过程中，都会把光圈预设在 f/8 上。因为这是一个"万能"的光圈设定，
遇到的绝大多数拍摄题材，都可以不去过多考虑技术参数，而是更多地去思索构图等创意，
从而突出画面的艺术感。

小提示

可信赖的最佳光圈

经科学测定，每一只镜头的光圈 f/8，都是它的最佳成像点。因此，f/8 也有最佳光圈的称号。建议大家可以格外强调使用。

陈述 摄
焦距 24mm，光圈 f/8，速度 50s，ISO100

纵使是在光线已经很暗的情况下，摄影师为了作品创意的需要，以及追求影像的极致体现，还是使用了光圈 **f/8** 进行拍摄。不但石头上的水草质感得到精微的表现，透过云层撒下来的光幕，也展现得异常美丽。一幅优秀的作品，摄影师的创意固然重要，而技术支持和准确控制，更是摄影师优秀素质的体现。

一些严谨的风光摄影师，为了追求影像的清晰度、对比度和色彩表现的极致效果，他们无论在任何光线下拍摄任何景物，都会固定选择 f/8 或 f/11（尤其偏爱使用 f/8）。事实证明，他们所拍摄的照片中，作品清晰、透彻、亮丽，成像效果好得令人惊异。

2.3 光圈 f/2.8：人像、花卉与情调

光圈 f/2.8，是拍摄人像和花卉小品时，最常使用的光圈。它可以带来最强烈的背景虚化效果。

光圈 f/2.8 是多数专业变焦镜头的最大光圈。而对于一些常配的变焦镜头来说，它的最大光圈是 f/3.5，只和专业级镜头相差半级光圈。所以在虚化背景的效果上，相差并不太多。

操作方法

1. 转动模式转盘对准 Av。
2. 右手食指转动主拨盘，调整光圈值至 f/2.8。
3. 右手食指移动到快门按钮，先半按快门按钮，相机完成自动曝光过程。
4. 右手食指不要抬起，完全按下快门进行拍摄。

■ 2.3.1 小品摄影：光圈f/2.8，可以突出主体，虚化杂乱的背景

丁博 摄
焦距 24mm，光圈 f/2.8，
速度 1/2500s，ISO500

野外拍摄花卉时，背景杂乱。又不能为拍照随意地攀折花朵，不如用大光圈 f/2.8，来虚化背景中的杂乱树叶、水面反光以及影子。而在这幅作品中，背景虚化后的效果，不但不再干扰画面，而且还对主体莲花，起到了很好的衬托效果。

董帅 摄
焦距 85mm，光圈 f/2.8，速度 1/80s，ISO200

使用 f/2.8 这样的大光圈拍摄照片，总给人以绘画的感觉，这是由于它明显的虚化效果。在这幅照片中，一只精灵般的小猫清晰展现，而其旁边的草箱、暗背景中的红花，被虚化成油画的效果，带来了强烈的画意。

■ 2.3.2 人像摄影：光圈f/2.8，细致刻画人物，环境既虚化又模糊可辨

赵圣 摄
焦距 85mm，光圈 f/2，速度 1/200s，ISO50

问号 摄

焦距 35mm，光圈 f/2.8，速度 1/500s，ISO200

拍摄人像时，虚化是非常重要的艺术技法。尤其是在像这样杂乱的街头拍摄时，这些建筑所有的横竖线条都是干扰景物。用 f/2.8 可以简单而快速地虚化掉它们，使主体人物立刻凸显出来。

■ 2.3.3 光圈f/2.8的情调

丁博 摄
焦距 35mm，光圈 f/2.8，速度 1/125s，ISO1000

使用光圈 f/2.8，拍摄一些主题不明确，带有强烈感情色彩的作品时，会给作品带来一些朦胧、模糊、虚幻的感受。像是这两张照片，同样也是人像和花卉主体，但由于拍摄对象神态游离，花的色彩灰调，在 f/2.8 的虚化效果下，画面带有了摄影师的感情。

陈述 摄
焦距 85mm，光圈 f/2，速度 1/4000s，ISO100

2.4　光圈 f/16：风光，只有风光

光圈 f/16 属于镜头的小孔径光圈。使用光圈 f/16，可以让拍摄的照片中，从最近处到最远处的景物，都清晰地呈现出来，形成了所谓的全景清晰效果。这种清晰效果，在自然风光、城市风景以及建筑摄影当中，非常重要。

操作方法

1. 转动模式转盘对准 Av。
2. 右手食指转动主拨盘，调整光圈值至 f/16。
3. 右手食指移动到快门按钮，先半按快门按钮，相机完成自动曝光过程。
4. 右手食指不要抬起，完全按下快门进行拍摄。

陈述 摄
焦距 24mm，光圈 f/16，速度 5s，ISO100

极小的光圈 f/16，产生的清晰效果，会令观者感到不可思议：不仅近处栈道的板条细节清晰锐利，小岛上的绿树、房舍也同样清晰可见；水面、天空浮光掠影也如此清晰。这是人眼无法达到的观察效果，也是拍摄风光片的常用设定。

陈述 摄
焦距 24mm，光圈 f/16，速度 1/30s，ISO400

f/16 的极致清晰效果，在自然风光摄影中被经常运用到，尤其是这种景物极其丰富的画面中。摄影师通常会预想到，这幅作品在放大到近一米的尺幅时，那些水草、游鱼，甚至中景里的房檐下晾晒的红色玉米，能否被清晰地刻画出来。这种全景清晰的作品才能令观者惊叹。

史飞 摄
焦距 16mm，光圈 f/16，速度 30s，ISO100

当使用 16mm 超广角镜头，再配合使用光圈 f/16 时，在超焦距现象的作用下，照片中从近在咫尺的冰晶，到无限远处的雪峰，都以极致的效果得以展现。一幅风光摄影作品的创作过程，从构思、取景、架设机位、对焦、光圈调整曝光控制，直到按下快门拍摄，是一个多步骤的过程。

小提示

光圈越小，成像越好吗？

有些镜头具有更大的光圈值如f/18、f/22甚至是f/32，但建议大家不要轻易去使用这些小孔径光圈。当光圈孔径过小时，由于光学的绕射、衍射等光学现象，往往会影响照片的成像质量。

陈述 摄
焦距 70mm，光圈 f/16，速度 1/200s，ISO200

2.5　要凝固，用速度——Tv 模式

■ 2.5.1 快门速度的作用：让运动的景物清晰或模糊

快门速度只在拍摄运动物体时，才会调整使用。速度的调整原则是：

1. 拍摄运动物体，要得到清晰的效果，一定要使用更高的速度；

2. 物体运动越快，速度也要随之提高。

速度，又称快门速度、快门时间，其实最准确的名称，应该叫作曝光时间，它既是感光元件接收光线的时间计量，也是快门机构开关的时间计量。比如 1/60s，表示快门从开启到关闭，中间有 1/60s。

速度或快门速度的称呼，来自人们对快门机构运作快慢的感受。比如 1/500s，我们认为它是高速快门；而 1/2s，我们则认为它是低速，或称之为"慢门"。既然大家习惯了这一称呼，我们还是延续为好。

使用常规的 1/125s 的快门速度，拍摄的图片是虚的，完全是失败的作品。

问号 摄
焦距 200mm，光圈 f/2.8，速度 1/8000s，ISO200

使用 1/8000s 的快门速度，不但将运动员的动作、姿态清晰地记录下来，还抓住了被滑雪板铲起的碎雪飞溅到空中的瞬间。因此拍摄体育运动，更着重控制快门速度。

2.5.2 Tv模式

Tv 模式，称为速度优先拍摄模式。是在拍摄运动景物时，让拍摄者来主动设定快门速度，防止把运动景物拍虚。Tv模式拍摄鸟类、猎豹等野生动物题材，以及体育竞赛、汽车运动等题材最常使用，在人像摄影当中也有运用。

操作方法

1. 转动模式转盘对准 Tv。2. 右手食指转动主拨盘转轮，调整快门速度值。3. 在肩部液晶屏上，可以看到设定的快门速度值。

2.6　万能速度 1 /125s

1/125s 是一个常用的万能快门速度：

1. 适用于常见的拍摄题材，如风光、人像、纪实、花卉等，1/125s 的快门速度都可以保证清晰；

2. 适用于常见的各个镜头焦距，从广角的 16mm，到长焦距的 200mm，1/125s 的快门速度都可以避免相机震动对拍摄产生影响；

3. 室外晴天的绝大部分光线下，我们都可以使用 1/125s 的快门速度拍摄，保证作品清晰。

操作方法

1. 转动模式转盘对准 Tv。

2. 右手食指转动主拨盘，调整速度值至 1/125s。

3. 右手食指移动到快门按钮，先半按快门按钮，相机完成自动曝光过程。

4. 右手食指不要抬起，完全按下快门进行拍摄。

董帅 摄
焦距 70mm，光圈 f/5.6，速度 1/125s，ISO400

旅行中，人文场景的抓拍，1/125s 的快门速度也是一个不错的选择。像这种两个小姑娘追闹的瞬间动态，需要较高速的快门把她们凝固下来，否则，只能得到一张模糊、失败的照片。

董帅 摄

焦距 24mm,光圈 f/8,速度 1/125s,ISO400

在拍摄风景照时,使用常用的快门速度1/125s,最大的好处就在于可以避免手抖造成照片模糊。但在拍摄风光作品时,还是使用控制光圈的 Av 模式为佳。毕竟保证清晰只是创作中的一个因素。

董帅 摄

焦距 60mm,光圈 f/4,速度 1/125s,ISO400

在拍摄小物或花卉时,更需要多用 1/125s 的快门速度。因为拍摄小物,更多地要用到中长焦距,手持拍摄容易因手部抖动而造成照片模糊。其中原因,在下面"老司机的安全速度"章节中,有深入介绍。

小提示

在万能速度的周边

万能快门速度附近的几个快门速度,如再慢些的1/90s和1/60s,比较适合于拍摄安静的风景照片;而再快些的1/200s和1/250s,适合于拍摄活动的动物和人物。随着摄影水平的提高,我们会渐渐熟练使用这些快门速度的。

2.7　1 /1250s：飞鸟、悬浮与体育

　　拍鸟有一个"1250法则"——即一定要使用1/1250s的快门速度。用这一速度可以"凝固"鸟儿在空中展翅的精彩。如果你是第一次去"打鸟"，使用速度优先Tv模式，并设定好1/1250s，那你就已经成功一半了。

　　1250法则，还可以推广到拍摄野生动物，如奔马、猎豹、羚羊，也可以用来拍摄自行车、摩托车、汽车比赛，甚至奥运会的大多数田径、游泳比赛，都可以使用这一快门速度，拍摄到优异的作品。

操作方法

1. 转动模式转盘对准Tv。
2. 右手食指转动主拨盘，调整速度值至1/1250s。
3. 右手食指移动到快门按钮，先半按快门按钮，相机完成自动曝光过程。
4. 右手食指不要抬起，完全按下快门进行拍摄。

董帅 摄
焦距18mm，光圈f/4，
速度1/1000s，ISO100

悬浮，或称漂浮人像，是一个又好玩、又好看的拍摄方法。其拍摄的最关键技术，就是使用高速快门，最好是1/1000s；同时，还需要开启连拍，这样可以把人物从跃起、升高到落地的全过程，都记录下来，选择出最好的一张，自然令人惊叹了。

问号 摄
焦距 300mm，光圈 f/5.6，速度 1/4000s，ISO400

当拍摄一些如鸽子、雀鸟等小型灵活的鸟类时，还需要提高快门速度，比如摄影师在拍摄这张作品时，就利用了 1/4000s 的快门速度，凝固住了鸽子疾速挥动翅膀的形态，可以完美观察到鸽了的每一根翎羽，作品的震撼力极强。

问号 摄
焦距 300mm，光圈 f/5.6，速度 1/1600s，ISO500

1/1250s 是拍鸟的最低速度，对于拍摄白鹭、天鹅一类的大型鸟类，使用 1/1250s 的高速快门，就可以把飞鸟的完美姿态展现出来。我们可以看到它优美的飞翔姿态，清晰可辨的羽毛，让人感到活灵活现。

丁博 摄
焦距 200mm，光圈 f/2.8，速度 1/8000s，ISO400

如果尝试使用单反相机的最高快门速度 1/8000s，你可以拍摄到一些人眼所无法察觉到的极致影像——千万粒水珠在空中凝固。适合 1/8000s 快门速度的拍摄题材，还有拍击礁石的巨浪、瀑布或顶级赛车等。

陈杰 摄
焦距 150mm，光圈 f/4，速度 1/1000s，ISO200

拍摄激烈的体育活动题材，最专业的做法就是使用速度优先 Tv 模式，设定使用不低于 1/1250s 的速度，这样才能保证把比赛激烈的瞬间捕捉下来。赛跑和足、篮、排比赛，快门速度设定为 1/1250s 就很合适；赛车类的，快门速度要设定在 1/2000s 以上。

董帅 摄
焦距 28mm，光圈 f/4，速度 1/1000s，ISO800

2.8 5s 以上：流动的溪流、大海和街道

　　由于日常很少运用到低速快门，使得它奇特的拍摄效果鲜为人知。用 5s ~ 10s 的快门速度来拍摄流水、瀑布、海浪等自然景物，可以把流水变身为缥缈的云雾；用长于 10s 的曝光时间，拍摄车行道路，可以让道路成为灯火河流；而使用 1 小时甚至更长的时间拍摄星空，可以展现斗转星移的奇幻效果。

操作方法

1. 转动模式转盘对准 Tv。　　2. 右手食指转动主拨盘，调整速度值至 10s。
3. 右手食指移动到快门按钮，先半按快门按钮，相机完成自动曝光过程。
4. 右手食指不要抬起，完全按下快门进行拍摄。

史飞 摄
焦距 24mm，光圈 f/22，速度 10s，ISO100

10s 的曝光时间，使得我们原来看到的小溪流水景象完全改变了模样。那些不断翻起的白色小水花不见了，取而代之的是虚无缥缈的白色的纱幔，这就是使用慢门拍摄流水的奥妙所在。

史飞 摄
焦距 28mm，光圈 f/22，速度 15s，ISO100

在日出时分，用静立的礁石与运动的海浪相互对比，可以创作出一幅佳作。此时必须采用慢门的
创作思路与技巧，超过 10s 的曝光时间，让不断冲刷海岸礁石的海浪，化作弥漫的、似雾似纱的幻影，
而照射在礁石上的一缕阳光，以及天边的一抹红霞，则令整幅忧郁的蓝色画面，闪出希望的光亮。

慢门拍摄的效果总是非常神奇，而 99% 的摄影爱好者都不熟悉它的使用技巧，因此，每出佳作，必然会吸引大家的注意力。当然，佳作的拍摄必然也和更高级的技巧和复杂的照相机操作连接在一起，比如使用二脚架以及中灰滤镜等。但随着爱好者摄影技术的提高，这些复杂的操作不但不令人厌烦，反而充满了创作的乐趣。

问号 摄
焦距 18mm，光圈 f/9，速度 15s，ISO100

慢门拍摄车流，是城市摄影的一个经典手段。在使用慢门时，曝光时间一定要在 10s 以上，才能让整个街道亮起来，动起来。摄影师选择环形引桥作为拍摄主体，让作品出彩。

史飞 摄
焦距 18mm，光圈 f/22，速度 30s，ISO100

当流动的车灯划过无人的公路，流经寂静的湖水，去往清冷的雪山，这寂寞的风景，只有拍摄者
能够体味。

第3章

1. 了解 P 模式是操控光圈与快门速度组合的技术。
2. 利用 P 模式的偏移方法进行不同题材的创作。
3. 熟练掌握两个机身按钮——模式转盘和主拨盘。

P 模式
——在大师的指导下拍摄

模式转盘

主拨盘与肩部液晶屏

3.1　自动曝光：让光圈与快门组合起来

"绘画是加法，摄影是减法"，这是一条
拍摄者最应当记住的法则。

绘画之所以是加法，是因为画家面对的是
一张白纸，他要一步步添加画面元素，来丰富
画面最终形成完美作品；而摄影之所以是减法，
是因为摄影师面对的是错综复杂的现实世界，
他要利用相机和镜头，去除那些与创作思想无
关的景物元素，精炼出最为出色的摄影作品来。

Gyeonlee 摄
焦距 85mm，光圈 f/2，速度 1/1000s，ISO200

手动曝光经常在光线复杂、创意难度高的情况下，才得
以运用。类似此类人像作品，拍摄环境背景和光线非常
复杂，摄影师希望既保留阴暗环境效果，又要突出人物
的亮度，在手动曝光过程中，常要借助手持测光表，分
别测量人脸部、衣服处以及上方的树叶处亮度，再根据
创意设计，综合考虑，确定曝光量。操作起来极其复杂。

自动曝光

  自动曝光技术，是通过照相机的自动测光技术，根据现场亮度，照相机自动设定光圈与快门速度的曝光组合，让照片有适合的亮度，其中的各种景物的明暗关系，自然地体现出来。

  在佳能数码单反照相机的模式转盘上，除了 M 手动模式和 B 长时间曝光模式外，其他都是受自动曝光技术控制的拍摄模式。

陈述 摄
焦距 25mm，光圈 f/2.8，速度 1/160s，ISO100

自动曝光运用起来就方便很多了。尤其是在此类纪实摄影中，拍摄者的精力集中于构图和抓取人物表情瞬间，光圈、快门速度等技术在次要，此时，由照相机进行自动设定再合适不过了。看！画面中肤色不同的两个人，面部亮度都得到了合适的表现，尤其是孩子闪亮的眼神和洁白的牙齿，最是令人难忘。

3.2 P 模式自动曝光的操作（推荐使用）

P 模式，称为程序自动曝光，是一种智能化的拍摄模式。

使用 P 模式时，照相机会推荐一个最为适合的光圈与快门速度组合。这个组合，是照相机系统在分析题材、光线、色彩等因素后，经过复杂的计算，得出合适的曝光组合。摄影爱好者利用 P 模式拍摄，就如同得到了摄影大师的亲手指导，很轻松就可以拍摄出优秀的摄影作品。

操作方法

1. 转动模式转盘对准 P。
2. 右手食指半按快门按钮，相机瞬间便完成程序自动曝光过程。
3. 在肩部液晶屏上，可以看到相机自动设定的光圈与快门速度。

P 模式拍摄的显著优势在于：在光线强烈时，更偏重使用小光圈（如 f/8、f/11 等）保证照片的整体清晰度；而在光线较暗时，更偏重使用高速快门（如 1/200s），保证拍摄的稳定性。

高杰 摄
焦距 35mm，光圈 f/8，速度 1/80s，ISO250

在光照条件好的情况下，P 模式会选择最佳光圈 f/8 与合适的速度 1/80s 组成曝光组合。在作品中，可以看到图片整体清晰明亮，色彩明艳。

高杰 摄
焦距 70mm，光圈 f/2.8，速度 1/100s，ISO320

而在阴天或夜间等光线偏暗淡的情况下，P 模式会偏向选择大光圈 **f/2.8** 和安全快门 **1/100s** 组成曝光组合。保证拍摄的稳定性，是 P 模式选择的重心，而且在对焦点距离远的情况下，即使光圈较大，根据景深的原理，依旧可以保持全景清晰。

3.3　P 模式适用：日常旅行拍摄

对于家庭日常和外出旅行拍摄来说，无须抱着严肃的创作精神，对光圈与快门速度进行精益求精的设置；这时的拍摄状态，大都是轻松随意、信马由缰的，对于光圈速度等技术参数并不太在意，只要能满足抬手就拍，拍得清楚、亮度合适等基本创作要求即可。对于这样的日常旅行创作需要，使用 P 模式最为合适，拍摄者甚至都不需关注到光圈和快门速度等技术问题，只需照顾取景、构图、对焦等创意过程，即可得到满意的作品。

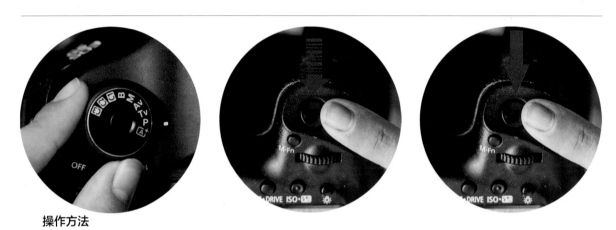

操作方法

1. 转动模式转盘对准 P。
2. 右手食指先半按快门按钮，相机瞬间便完成程序自动曝光过程。
3. 右手食指不要抬起，完全按下快门进行拍摄。

陈述 摄
焦距 45mm，光圈 f/11，速度 1/50s，ISO100

P 模式在拍摄大场景的风光照片时，会在保证手持拍摄稳定性前提下，控制合理的景深范围，保证画面清晰呈现，取得画面景物由远及近都十分清晰的效果，而亮度、层次和色彩表现也非常出色。我们在拍摄类似大场景的作品时，可以选择对焦在近处，比如眼前的这一片麦田。

　　而 P 模式在光线复杂的街头抓拍过程中，更注重保证安全的快门速度。通过提高快门速度，保证抓拍到人物的瞬间神态，并以轻微的景深虚化效果，突出人物，取得纪实拍摄的决定性瞬间效果。

陈述 摄
焦距 55mm，光圈 f/1.4，速度 1/1250s，ISO800

　　夜晚漫步，随手拍下街边的店铺。由于不同店铺的光源设置不同，照明亮度不等，拍摄者不可能每拍一张，都要考虑曝光的问题。此时使用 P 模式，让照相机去考虑光圈、快门速度和景深的要求，而拍摄者只需要关注构图、瞬间抓取这样的创作要素。

3.4 P模式偏移：操作起来不太难（推荐使用）

使用程序自动的P模式拍摄时，能否像使用光圈优先Av模式那样，随意控制光圈大小；或像使用速度优先Tv模式那样，单独控制快门速度？

回答是完全可以的。

P模式提供了程序偏移的功能，这个功能在照相机决定一个光圈与快门速度的组合后，拍摄者还可以通过主拨盘，随意地调整光圈或快门速度，而自动曝光结果是不变的，所得的照片亮度不受任何影响。

操作方法

1. 转动模式转盘对准P。
2. 右手食指半按快门按钮，相机瞬间便完成程序自动曝光过程。
3. 在肩部液晶屏上，可以看到相机自动设定的光圈与快门速度。
4. 右手食指松开快门按钮，移至主拨盘，左右转动即可调整光圈与快门速度组合。

小提示

光圈和速度一起变，这可怎么办？

如果大家仔细观察，会发现在P模式程序偏移的过程中，光圈和快门速度的两个数值是同时发生变化的——一者发生变化，另一者也随之而动。这是因为两者相互影响的结果，不必在意，大家只需关注影响创意的其中之一即可。即如果关心虚化效果，就看光圈数值；如果拍摄运动景物，就只看快门速度。

小提示

互易率：相同曝光量的不同曝光组合

使用P模式拍摄时，照相机推荐了一个适合的光圈与快门速度组合。但这个自动曝光的结果，还可以由其他的光圈与快门速度组合而得到，就好像等式2×12、3×8、4×6，结果都是24一样。而P模式的偏移功能，就相当于我们在这些结果相同的等式间进行选择一样。

例如：晴天光线下，常用曝光组合为光圈f/8+快门速度1/125s，但还可以选择其他的光圈与快门速度的曝光组合，得到的曝光量是一样的。它们如下：

f/16+1/30s=f/11+1/60s=f/8+1/125s=f/5.6+1/250s=f/4+1/500s=f/2.8+1/1000s=f/2+1/2000s

3.5 P 模式拍风光，向小光圈 f/16 偏移

　　P 模式的功用，并不只是局限在日常旅行这个狭窄的用途中。相反，有一些风光摄影师也非常喜爱使用简捷便利的 P 模式拍摄。如果程序自动曝光的结果，符合他们创作的需要，就可以马上按下快门进行拍摄。

　　如果 P 模式决定的光圈太大，比如照相机推荐使用 f/5.6 的光圈，摄影师可以快速让光圈值向 f/11 或 f/16 方向偏移，从而满足图片中全景清晰的效果。爱好者们不妨也向这些摄影师们学习这种方法。

操作方法

1. 转动模式转盘对准 P。
2. 右手食指半按快门按钮，相机瞬间便完成程序自动曝光过程。
3. 在肩部液晶屏上，可以看到相机自动设定的光圈与快门速度。
4. 右手食指向右转动主拨盘，调整至光圈 f/11 的曝光组合。
5. 随后右手食指移回快门按钮，按下快门完成拍摄。

问号 摄
焦距 24mm，光圈 f/11，速度 1/250s，ISO200

即使光线很好，P 模式对于光圈的选择，也会偏向选择 f/8 这样的最佳光圈。而对于风光创作来说，f/11 往往是摄影师更偏爱的光圈，它可以带来更大的、清晰的景深范围。所以，偏移一挡光圈，摄影师选择了光圈 f/11 的曝光组合。

快门速度

光圈

3.6　P 模式拍人像：向大光圈 f/2.8 偏移

　　P 模式在拍摄人像时，同样也可以发挥光圈优先 Av 模式的效果。在半按快门、照相机设定了光圈与快门速度的组合后，如果觉得自动曝光组合合适，可以马上按下快门完成拍摄；如果觉得光圈设定不合适（如 f/8），可以使用程序偏移功能，向大光圈 f/2.8 方向偏移，这样可以让背景更为虚化，而突出主体人物。

操作方法

1. 转动模式转盘对准 P。
2. 右手食指半按快门按钮，相机瞬间便完成程序自动曝光过程。
3. 在肩部液晶屏上，可以看到相机自动设定的光圈与快门速度。
4. 右手食指向左转动主拨盘，调整至光圈 f/4 的曝光组合。
5. 随后右手食指移回快门按钮，按下快门完成拍摄。

赵圣 摄
焦距 130mm，光圈 f/4，速度 1/250s，ISO200

这是一张拍摄难度非常之大的作品，在强烈的逆光条件下拍摄，对于许多摄影初学者来说，会绝对完全无从下手。而使用 P 模式，则完全可以应对，它会自动对主体和背景的亮度、最亮与最暗处的亮差进行衡量，自动设定一个合适的曝光量，而拍摄者只需要记住拍摄人像时，要向大光圈、小景深方向偏移即可。

赵圣 摄
焦距 85mm，光圈 f/1.6，速度 1/200s，ISO125

3.7 P 模式拍动物昆虫：向大光圈 f/2.8 偏移

P 模式在创作中最大的便利之处在于，熟练掌握了之后，它可以适合于各个拍摄题材。比如当我们刚刚用 P 模式拍摄完一张风景大片之后，忽然发现眼前花草上的昆虫的时候，无须调整拍摄模式，可以马上瞄准对焦（对焦过程也是程序自动曝光的过程），然后使用程序偏移，调整所需光圈到 f/2.8，就可以完成拍摄了。光圈 f/2.8 可以在拍摄昆虫时取得强烈的虚化背景的效果，突出较为细小的主体花卉、昆虫。

操作方法

1. 转动模式转盘对准 P。
2. 右手食指半按快门按钮，相机瞬间便完成程序自动曝光过程。
3. 在取景器中，可以看到相机自动设定的光圈与快门速度。
4. 右手食指向左转动主拨盘，调整至光圈 f/2.8 的曝光组合。
5. 随后右手食指移回快门按钮，按下快门完成拍摄。

问号 摄
焦距 35mm，光圈 f/1.8，速度 1/320s，ISO500

在使用具有大光圈 (f/1.8) 的专业镜头时，P 模式通常不会设定使用最大的光圈，因为它认定最大光圈的成像质量较弱。所以，当拍摄狐猴时，P 模式会设定使用 f/4 或 f/3.5 这样的光圈，摄影师主动出击，让光圈向最大光圈 f/1.8 偏移，得到精彩的作品——狐猴的眼神格外突出。

问号 摄
焦距 35mm，光圈 f/1.8，速度 1/40s，ISO800

拍摄昆虫、花卉、小动物时，大光圈的最大好处就在于可以虚化背景，避免那些杂乱的景物对主体的干扰。想象一下，如果背景中的那些枯枝都很清楚，这幅作品将有多凌乱。摄影师在无法避开凌乱场景的时候，选择向光圈 f/1.8 偏移，画面紧凑而灵巧。

3.8 P 模式拍摄水花飞溅：向高速快门 1/2500s 及以上偏移

P 模式不仅可以作为控制光圈大小的 Av 模式使用，还可以作为控制快门速度的 Tv 模式使用。比如我们在拍摄运动的景物时，就需要关注快门速度的设定。在拍摄一些超高速运动的景物，或是在一些科技创意摄影当中，我们会用到一些极限的快门速度，如 1/4000s，甚或是数码单反照相机的极限快门速度 1/8000s。利用这样的快门速度，可以记录下我们人眼根本就观察不到的景象。比如，拍摄海浪冲击礁石，激起的浪花。拍摄时，只需要在 P 模式的基础上，让快门速度偏移到 1/4000s 的设定，即可拍摄。

操作方法

1. 转动模式转盘对准 P。
2. 右手食指半按快门按钮，相机瞬间便完成程序自动曝光过程。
3. 在取景器中，可以看到相机自动设定的光圈与快门速度。
4. 右手食指向左转动主拨盘，调整至快门速度 1/4000s 的曝光组合。
5. 随后右手食指移回快门按钮，按下快门完成拍摄。

小提示

当我们使用超高速快门设定时，一定要将感光度（ISO）设定为"A"，即自动感光度设定。在多云或阴天的情况下，只有感光度在 ISO6400 以上时，才可以达到 1/4000s。而通常的感光度 ISO100 是无法支持如此之高的快门速度的。

陈杰 摄
焦距 200mm，光圈 f/5.6，速度 1/2500s，ISO400

江潮汹涌，激起惊涛巨浪。在这瞬息变换的时刻，很难去考虑过多的相机设定，使用 P 模式，并快速向速度 1/2500s 偏移，然后看准浪头的最佳状态，果断按下快门，才能不错过这奇观。

3.9　P 模式的创作：5s 以上的长时间曝光

P 模式不仅仅支持日常拍摄，还支持长时间曝光这样带有创意效果的拍摄方法。比如，可以利用 P 模式，进行城市街道的车灯灯绘的拍摄，或是流动的小溪与海岸等。当然这样的拍摄更为复杂，我们在下面的步骤中，给大家详细介绍一下。注意，P 模式所能支持的最长曝光时间为 30s，超过 30s，就需要使用 B 模式（同样在模式转盘上可以找到）。

操作方法

1. 必须将照相机固定在三脚架上进行拍摄。
2. 转动模式转盘对准 P 模式，然后进行取景、构图。
3. 构图完成后，右手食指半按快门按钮，完成程序自动曝光过程。
4. 在取景器中，可以看到相机自动设定的光圈与快门速度。
5. 右手食指向左转动主拨盘，调整至快门速度为 5 ~ 30s 的曝光组合。
6. 随后右手食指移回快门按钮，按下快门，然后右手离开照相机，此时相机开始拍摄，需要等待 30s 的时间，照相机会自动结束拍摄。稍等一段时间后，照相机背部的液晶屏才会显示出刚拍摄的图片。

问号 摄
焦距 35mm，光圈 f/22，速度 20s，ISO100

摄影师机智地把拍摄机位设置在桥上，这样相对于道路，这里就是一个制高点。只有通过在一定的向下俯拍角度，才能够展现出道路上车灯流动的感觉。P 模式拍摄长时间曝光的最大优点，就在于对自动曝光的控制。比如在这幅作品中，当速度偏移到 20s 时照相机就不允许增加曝光时间了，因为如果将增加曝光时间到 30s，整幅图片会曝光过度。

问号 摄
焦距 28mm，光圈 f/22，速度 5s，ISO100

再智能的机器，也无法进行艺术创作。
就像拍摄森林中的瀑布或者小溪时，
照相机肯定是不知道你要使用长时间
曝光，来让水流化成一带白练。因此，
一定要计曝光时间向更长时间即更慢
速度的方向偏移，这一曝光时间，不
能低于 5s。如果小溪流动速度慢，还
需要增加到 10s 以上。

史飞 摄
焦距 24mm，光圈 f/22，速度 5s，ISO100

在拍摄这样大场景的风光作品时，确定曝光时间，还要考虑一个因素，就是水边植物的清晰度——在 10s 以上的曝光时间中，植物的枝叶会被风所晃动，产生模糊。因此，摄影师权衡之下，选择了合适的 5s 曝光时间。

第4章

1. 在本章节中，理解曝光补偿与照片明暗的关系。

2. 掌握曝光补偿的操作方法。

3. 学会运用照相机的重要机构——速控转盘。

曝光补偿
——光影绘画之笔

问号 摄
焦距 200mm，光圈 f/8，速度 1/40s，ISO100

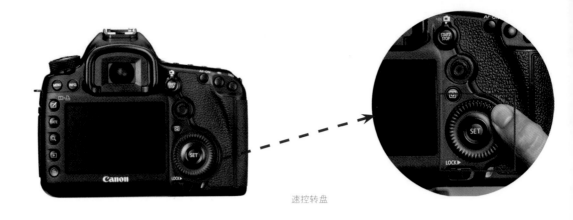

速控转盘

4.1   只用自动曝光，只是初级创作水准

所有的 P、Av、Tv 拍摄模式，都是利用自动曝光技术决定光圈与快门速度，让照片得到正确的曝光量。但如果我们的摄影创作，只停步于自动曝光，那只是初步的创作水准。

明确一点：自动曝光功能，只能避免拍摄失败，却不能创造成功。

焦距 70mm，光圈 f/11，速度 1/1000s，ISO200，曝光补偿 0

按照自动曝光的设置进行拍摄，画面也很精彩，日落非常辉煌。但仔细观察画面细节，略有瑕疵，比如放射光芒的太阳过亮，看不清边缘；晚霞的金边不够明显等。

焦距 70mm，光圈 f/11，速度 1/4000s，ISO200，曝光补偿 −2EV

有意识地进行曝光补偿，在自动曝光的基础上减少2EV曝光量，成功作品的气势一下子就显现出来了：太阳在晚霞的掩映下，放射出冲天的光芒，为每一朵云彩都画上耀眼金边。

焦距 300mm，光圈 f/5.6，速度 1/1000s，ISO200，曝光补偿 0

按照自动曝光的结果拍摄出来的雪景，雪面呈现出灰色的视觉感受，黄色的迎春花也没有了在强烈阳光下的闪耀光彩。

小提示

所谓正确曝光量，是让照片的综合亮度都符合反光率为18%的灰。深究其中的科学原理，会让我们远离艺术创作的方向，因此可以不必深入研究原理，而应注重怎样灵活运用自动曝光。

我们可以从两组作品的对比中，看见只使用自动曝光和经过曝光补偿的画面效果。想要进入摄影创作的殿堂，就要在自动曝光的基础上，学会增加或减少曝光，即所谓的曝光补偿功能，这才真正能够让摄影作品展现光影变换、明暗对比的效果，摄影"光影作画"的奥秘，全在于此。

焦距 300mm，光圈 f/5.6，速度 1/500s，ISO200，曝光补偿 +1EV

在自动曝光的基础上，增加 1EV 曝光量，画面整体雪白晶亮了起来，不但还原了阳光下白雪的晶莹剔透的质感，更让迎春花在雪中开放的生命力展现了出来。

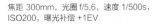

4.2 曝光补偿的操作方法（推荐使用）

曝光补偿功能，是在自动曝光的基础上，对曝光量进行加减操作。

加1EV曝光量

正常曝光

减1.5EV曝光量

对于曝光补偿的显示，是在肩部液晶屏上，以一个直线坐标（-3 -2 -1 0 +1 +2 +3）显示的，其中 0 点是自动曝光的结果，−1 即在自动曝光的基础上减 1EV 曝光；而 +1 是在自动曝光的基础上增加 1EV 曝光。以此类推。

在眼平取景器的下方，也有一个曝光补偿表，显示信息相同。

小提示

曝光补偿对光圈和快门速度的影响

光圈与快门速度，对于曝光补偿，可以分别或组合产生影响。其中的复杂原理，不建议每一位拍摄者研究其根本。仅在此列出大致内容，相信在不断的拍摄中，大家会慢慢理解它们的。

一挡曝光量=1EV值
一挡曝光量=一挡光圈值=一倍速度

佳能相机的曝光补偿，默认是以 0.5EV 进行曝光补偿操作，这样操作简单而灵活，适合于摄影爱好者。因此，在摄影书中，经常会出现减少 1.5EV 曝光量，或增加 0.5EV 曝光量的情况。

陈述 摄
焦距 24mm，光圈 f/9，速度 1.3s，ISO100，
曝光补偿 –1.5EV

自动测光的结果，会让作品处于一个亮度均衡的结果。比如这张作品中，如果使用自动曝光，画面右上云层中射出来的光幕，根本无法展现出来。摄影师通过减少 1.5EV 的曝光量，捕捉到了这最为精彩的光影效果。当我们进入摄影的高级阶段的时候，会发现自己越来越关注画面当中的细节，即所谓"细节决定成败"。

操作方法

1. 右手食指半按快门按钮，进行测光和自动曝光。

2. 右手拇指顺时针或逆时针旋转速控转轮，进行加减曝光的操作。顺时针增加曝光量，逆时针减少曝光量。

3. 通过肩部液晶屏或眼平取景器，可以看到曝光补偿的数值。

   眼平取景器中，可以更方便地看到曝光补偿设置，并且不影响构图取景。推荐大家使用这种观察曝光补偿的方法。

4. 需要格外注意，加减曝光的设置，会自动带入下一次的拍摄中去。

   因此，最好在拍摄完成后，将曝光补偿数值归零，并在每一次拍摄前检查一下。

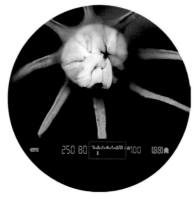

4.3　曝光补偿的秘密：白加黑减

白加黑减是曝光补偿的重要秘诀，我们可以从两个角度去理解、熟记。

第一，景物的黑白颜色：

拍白色物体时，加曝光。

拍黑色物体时，减曝光。

丁博 摄
焦距 70mm，光圈 f/2.8，速度 1/200s，ISO100，曝光补偿 +2EV

拍摄的白猫，很简单，要加曝光。只有增加曝光了，才能够把白猫拍白了。否则，按照照相机的自动曝光，我们只能得到一张灰猫的照片。

Gyeonlee 摄
焦距 50mm，光圈 f/2，速度 1/1000s，ISO200，曝光补偿 −1Ev

在幽暗的森林里，女孩穿着黑色的裙子，画面当中超过
90% 的部分都是黑色的、阴暗无光的。所以，在拍摄的时
候一定要在自动曝光的基础上减少 **1EV** 的曝光量，这样
才能把整个画面阴暗的感觉拍摄下来，而且能真实还原女
孩的皮肤和黑裙子。想象一下，如果不减少曝光，则森林
是灰色的，黑裙子会变成灰裙子，女孩的皮肤也会呈现病
态的惨白。

第二，作品的明暗影调：

想要白色高调效果，加曝光。

想要黑色低调效果，减曝光。

丁博 摄

焦距 35mm，光圈 f/2.8，速度 1/4000s，ISO2000，曝光补偿 −2EV

人像剪影，创作的意图就是要让作品暗下来，黑下来。根据这样的创作思路，无疑需要减曝光，
而且需要大幅度地减 2EV 曝光量。这样才能让作品完全黑下来、暗下来。

Gyeonlee 摄
焦距 50mm，光圈 f/2.8，速度 1/500s，ISO200，曝光补偿 +1EV

女性的人像作品，以白为主的高调非常适合于表现轻柔曼
妙、柔美细腻的感觉，这符合人们的传统感受。因此，摄
影师根据高调的创作意向，主动地增加曝光量，不仅白色
的衣裙、高亮的晨雾表现突出，草地、枝叶也向高调倾斜，
画面和谐。

4.4 曝光补偿的清规戒律：宁欠勿过（推荐使用）

宁欠勿过也是曝光补偿的重要原则，这条原则在风光摄影中尤为重要。宁欠勿过是为了照顾作品中高亮景物的层次显现，而这些高亮层次往往是照片中的重点所在，因此，在曝光补偿的抉择过程中，要多选择减少曝光，宁肯让照片略显曝光不足，也千万不要让照片曝光过度，丢失亮部层次。

史飞 摄
焦距 28mm，光圈 f/11，速度 1s，ISO100，曝光补偿 −0.5EV

宁欠勿过的曝光原则，在拍摄突出光影明暗对比强烈的风光作品时，非常有效。比如，拍摄日落西山、风雨彩虹、夕照晚景等画面中有强烈光线存在的题材时，可以在自动曝光的基础上，大胆地减少曝光，而且减少的挡数可以更多些，可以减少 2EV 甚至更多。

史飞 摄
焦距 35mm，光圈 f/8，速度 1/30s，ISO100，曝光补偿 −1EV

纵观摄影作品的整体，我们会有一个感觉：减曝光的作品要多于加曝光的作品，尤其是在拍摄风光时。很多传统风光摄影师的照相机，永远都保持在减 0.5EV 曝光的状态。这或许对学习摄影的人来说，是一个很重要的参考。

曝光不足可以在后期进行弥补

即使拍摄的照片曝光不足了，在后期使用 Photoshop 等软件进行调整时，可以很容易地将隐没在黑暗中的细节层次提亮、重新开发出来。所以，在拍摄时可放心大胆地做减少曝光的处理。

4.5　拍摄日出日落：−1EV

　　拍摄日出日落，最有吸引力的，就是那迷人变幻的光线，而最令初学者头痛的也是怎样"抓住"那迷人变幻的光线，尤其是正对着太阳，拍摄落山或跃出山巅、海面的景象。其实此刻最重要的曝光秘籍就是减少曝光，而且最好减少 1EV 左右的曝光量，这样就可以拍摄出最为精彩的日出日落作品。

陈述 摄
焦距 24mm，光圈 f/9，速度 1/3s，ISO200，曝光补偿 −1EV

当日出或日落被浓云所遮蔽时，需要耐心地等候，只要不是大阴天，总会有那么一刻，一缕阳光穿透乌云，点亮天空，在清冷的蓝色中，填上一道暖红色。在这种光线条件下，可以减少 1EV 曝光量，去表现天空色彩和色调迅速且微妙的变化，把握晨曦和漫天的云霞光芒。

问号 摄
焦距 300mm，光圈 f/8，速度 1/640s，ISO200，
曝光补偿 -2EV

拍摄日出日落，如果不减少曝光量，太阳的
轮廓就显现不出来，因此无法区分太阳与周
围的天空。摄影师减少了 2EV 曝光量，不但
太阳显现出来，云霞金边得到渲染，最重要
的是城市中的建筑，以剪影的方式显现出来，
阳光也如光雾一般洒开了。

操作方法

1. 右手食指半按快门按钮，进行测光
   和自动曝光。

2. 右手拇指逆时针旋转速控转轮，进
   行 -2EV 曝光的操作。

3. 通过肩部液晶屏或眼平取景器，可
   以看到曝光补偿的数值。

4. 随后右手食指完全按下快门完成拍
   摄。

4.6 洁白奇幻的冰雪世界：+1 EV

冬季雪景的拍摄，对初学者是一个严峻的挑战。简单地利用相机的自动曝光，会把雪景拍摄得灰暗而毫无生机，尤其是在正在下雪的阴沉的天气里。

要想让雪景明亮、洁白起来，增加曝光量，才是正确的解决办法。通常情况下，正在下雪的时候拍摄，要在自动曝光的基础上增加 1EV 的曝光量，就可以令这一片银装素裹的世界，成为真正白茫茫的世界。

董帅 摄
焦距 105mm，光圈 f/8，速度 1/1000s，ISO400，曝光补偿 +1EV

画面当中不但街道上、屋顶上都是一片白雪的世界，而且墙面也都是白色的，所以此时一定要加 1EV 曝光量。在这一片白色的世界里，人物飘起的蓝色长裙格外亮丽。

董帅 摄

焦距 85mm，光圈 f/2.5，速度 1/3200s，
ISO400，曝光补偿 +1EV

在雪后初晴，单独拍摄白雪的形状与质感，不
但要考虑雪是白色，还要综合考虑光影的变
化。对于这一类拍摄题材，加 1EV 曝光也很
合适。迎光面的白雪质感细腻洁白，而阴影中
的雪面呈现出蓝紫色的冷色调。

操作方法

1. 右手食指半按快门按钮，进行测光和
   自动曝光。

2. 右手拇指顺时针旋转速控转轮，进行
   加 1EV 曝光的操作。

3. 通过肩部液晶屏或眼平取景器，可以
   看到曝光补偿的数值。

4. 随后右手食指完全按下快门完成拍摄。

陈磊 摄

焦距 18mm，光圈 f/11，速度 1/250s，ISO100，曝光补偿 +0.5EV

在雪后初晴的天气下拍摄，如果取景中既有深邃的蓝天，也
有闪亮的大地和白雪，曝光补偿可以少一些，加 0.5EV 曝光。
甚至在此时，都可以根据宁欠勿过的原则，不加不减，也有
很好的效果。在色彩亮度上，蓝紫色实际属于深灰的调子。

4.7 秋季的山林：-0.5EV

秋季的树林，是色彩最丰富的自然拍摄题材。各种树木的树叶、山坡的牧草，在由旺盛到枯萎的过程中，红色、黄色、橙色、绿色交织在一起，构成丰富的色调变化。面对秋天自然风景的拍摄，要让作品色彩饱和度更高，就要做出低调的效果，要在自动曝光的基础上，减 0.5EV 曝光补偿，整幅作品就有了色彩浓郁、充实的感觉，提升了作品的观赏性。

秋天的山峦、牧场，不但色彩丰富，而且阳光也带有暖调效果。拍摄时，减少 0.5EV 曝光量，可以让被光线照到的树冠，绿中有橙黄，还会让干枯的黄草地，呈现出铁锈红色来。同时，压暗的阴影，让整幅画面明暗对比强烈。

问号 摄

焦距 200mm，光圈 f/8，速度 1/200s，ISO100，曝光补偿 -1EV

问号 摄

焦距 85mm，光圈 f/5.6，速度 1/200s，ISO200，曝光补偿 −0.5EV

遇到阴天，拍摄秋色，可以减 0.5EV 曝光，或索性不减。充分利用干枯草叶的反光，增加画面的明亮感。如果减的曝光量太多，画面反而会失去光亮和色彩。

操作方法

1. 右手食指半按快门按钮，进行测光和自动曝光。

2. 右手拇指逆时针旋转速控转轮，进行减 0.5EV 曝光的操作。

3. 通过肩部液晶屏或眼平取景器，可以看到曝光补偿的数值。

4. 随后右手食指完全按下快门完成拍摄。

4.8　雨后的彩虹：-1EV

　　盛夏季节暴风雨来临,产生奇异的天气变化。有时还有猝不及防的闪电和风雨之后的彩虹。拍摄彩虹时,一定要减 1EV 曝光量,这样压暗整个背景天空的亮度,就可以让彩虹更为明显清晰,红橙黄绿青蓝紫这七种色彩也会更鲜艳。

史飞 摄

焦距 24mm, 光圈 f/11,
速度 1/320s, ISO100,
曝光补偿 -1Ev

五彩山遇到七色彩虹,是极为罕见的。这样的景象,能有几人亲眼所见,又能有几人拍下来呢? 摄影师是个幸运儿,机会总是垂青给有准备的人。可以想象到摄影师怎样压抑着激动的心情,冷静地观察、取景、构图、对焦、曝光补偿,最后才按下快门,将美景收入相机,也把记忆永存心底。

操作方法

1. 右手食指半按快门按钮,进行测光和自动曝光。

2. 右手拇指逆时针旋转速控转轮,进行减 1EV 曝光的操作。

3. 通过肩部液晶屏或眼平取景器,可以看到曝光补偿的数值。

4. 随后右手食指完全按下快门完成拍摄。

4.9　穿透云层的光：-1EV

　　当阳光穿过乌云的缝隙照射下来，会在天与地之间形成一道光柱，就好像是舞台上的追光灯一样，充满着神奇和魔力。但这样的光线不但难遇到，更难拍摄。最佳的拍摄经验是，要在自动曝光的基础上，减 1EV 曝光量，这样才能将光柱与周边的云影、天空等环境拉开反差，将其突显出来。

陈述 摄
焦距 24mm，光圈 f/11，
速度 1/10s，ISO100，
曝光补偿 -1EV

当太阳在山后，散射出几道光芒，射向蓝色的天空，光与蓝天的反差并不大，此刻减少曝光要以 1EV 为限。减得太多，光影反而不明显了。

史飞 摄
焦距 45mm，光圈 f/16，速度 1/60s，ISO100，
曝光补偿 -2EV

当阳光穿透乌云射出来，如果光的背景是乌
云、阴暗的山峰时，光亮与暗景可以形成强烈
的反差，此时减 1EV 的曝光，就可以把这光
影表现出来。而出于创作风格的需要，减少
2EV 曝光，甚至可以更为突出光效，产生一种
末日来临的心理恐惧感。

操作方法

1. 右手食指半按快门按钮，进行测光和
   自动曝光。
2. 右手拇指逆时针旋转速控转轮，进行
   减 1.5EV 曝光的操作。
3. 通过肩部液晶屏或眼平取景器，可以
   看到曝光补偿的数值。
4. 随后右手食指完全按下快门完成拍摄。

4.10 人物剪影: -2EV

拍摄剪影作品，最主要的拍摄技巧就是减曝光，而且是要大减曝光，至少要减上 2EV 的曝光量，否则人物根本就黑不下去，不能成为黑色剪影。当然，拍摄时，一定要以高亮的景物为背景，如有太阳的天空，或有反光的水面，这样才能勾勒出剪影人物的边缘，让身材线条得到完美的表现。

问号 摄
焦距 300mm，光圈 f/5.6，
速度 1/1000s，ISO200，
曝光补偿 -2EV

在黄昏时分，当太阳接近地平线时，光线会更呈现出强烈的暖色调，在这种暖调、温馨的光线下拍摄人物，会给画面带来出色的戏剧性光线效果。此时的光线角度更加低平，而不是很刺眼，是一个极具创意性的剪影拍摄时段。而重要的拍摄技巧，就在于减少 2EV 曝光和手动对焦。

丁博 摄
焦距 135mm，光圈 f/10，速度 1/3200s，
ISO200，曝光补偿 −1.5EV

水面反射的太阳光，也可以作为拍摄剪影的背景，从这幅图片中，我们可以看到，水面的反光比天空还要亮。需要注意的是，由于它们的亮度都要低于太阳，所以拍摄出来的剪影效果，不如太阳背景来得强烈，而且在这种情况下，只需要减少 1.5EV 曝光，最好在后期调整时，再增加些反差。

操作方法

1. 右手食指半按快门按钮，进行测光和自动曝光。

2. 右手拇指逆时针旋转速控转轮，进行减 1.5EV 曝光的操作。

3. 通过肩部液晶屏或眼平取景器，可以看到曝光补偿的数值。

4. 随后右手食指完全按下快门完成拍摄。

4.11 逆光人像: +1EV

逆光人像是永远的难题，专家给出了众多的解决方案。其实最简单、效果最好的，就是一个：加 1EV 曝光。这种方法，不但解决了人物正面黑暗的问题，还增加了背景的亮度，形成了高调人像的清新明快效果。

赵圣 摄
焦距 200mm，光圈 f/4.5，
速度 1/250s，ISO200，
曝光补偿 +1EV

拍摄逆光人像，只要掌握加 1EV 曝光的方法，就可以百拍百灵。克服了这一难关后，你会发现逆光人像，具有迷人的艺术效果。从这幅作品中，我们可以看到逆光产生的轮廓光，勾勒了人物边缘，将人物从背景中分离出来；金黄色的头发，被阳光照透，闪亮飞扬，这是透视光效果，同时整幅画面还有迷蒙的光雾效果。整幅作品中有多种艺术效果，自然吸引眼球。

赵圣 摄
焦距 35mm，光圈 f/1.4，速度 1/250s，ISO160，
曝光补偿 +1EV

无论是在日出时分还是在正午时分，无论是在
树林中还是在屋檐下，只要看到太阳光从模特
的身后射来，不用多想，增加 1EV 曝光，然
后拍摄就是了。这个方法绝对可以给你带来绝
佳的好效果。

操作方法

1. 右手食指半按快门按钮，进行测光和
   自动曝光。
2. 右手拇指顺时针旋转速控转轮，进行
   加 1EV 曝光的操作。
3. 通过肩部液晶屏或眼平取景器，可以
   看到曝光补偿的数值。
4. 随后右手食指完全按下快门完成拍
   摄。

第5章

1. 在本章节中，学习使用对焦点与对焦区域。

2. 了解对焦与构图的关系。

3. 掌握照相机上两个重要的机构——焦点选择按钮和多功能控制钮。

对焦的操作
——告别"拍不实"

董帅 摄
焦距 28mm，光圈 f/4，速度 1/1000s，ISO800

多功能控制钮   焦点选择按钮

5.1   "多点对焦"?

普通人在拍摄对焦时,有时会看到取景框中有多个焦点同时亮起的现象,会误认为这是多点对焦的功能,向摄影师讨教,还能把摄影师问倒:"多点对焦?没有遇见过啊!"

取景器里多个对焦框同时亮起来,在使用全自动对焦模式时才会出现。照相机在对焦时,处于相同对焦距离的景物,被对焦框捕捉到,这几个自动对焦框就会同时亮起来,造成了多点对焦的假象。

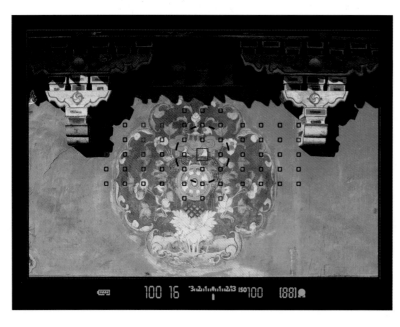

全自动对焦(又称为自动选择对焦点),是由照相机自动完成对焦全过程,其中包括自动选择对焦景物和自动调整对焦距离两步。但照相机对准的景物,往往不是拍摄者设想的焦点景物,所以专业摄影师不使用这种对焦模式,我们也不推荐摄影爱好者使用这种全自动对焦模式。

Gyeonlee 摄

焦距 50mm，光圈 f/2，速度 1/500s，ISO500

对于摄影创作来说，就不能采用全自动对焦模式。就像这样的人像创作，使用全自动对焦，就会对焦在前景的树叶上，而不是对在人脸上。

董帅 摄
焦距 16mm，光圈 f/8，速度 1/400s，ISO100

对于这一类空间简单，焦点突显的景物，全自动对焦是可以应付的，它通常会选择距离近的、反差大的景物，如选择近处这一排椰子树作为焦点景物进行对焦。

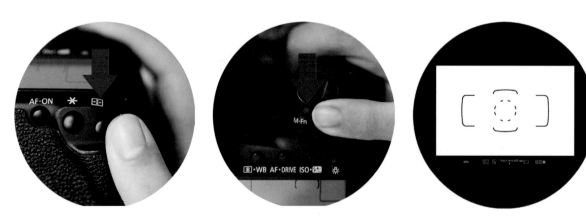

全自动对焦选择方法

1. 用右手拇指按一下焦点选择按钮。

2. 用右手食指按 M-fn 按钮（此钮位于快门按钮斜后方，EOS 70D 和 EOS 80D 按钮标识不同，且有些机型没有此按钮）。

3. 连续按 M-fn 按钮，直到从眼平取景器中观察到全自动对焦选择的图案出现。

5.2 "不学就会用"的中心对焦点（推荐使用）

利用中心对焦点对焦是传统而经典的对焦方式，也是众多摄影师的对焦方式。中心对焦点方法最大的优势是操作简单，使用简明直观。在拍摄过程中，只需用取景中心对准所拍主体，直接半按快门对焦就可以拍摄了。这种方法，不用学就会使。

赵圣 摄
焦距 70mm，光圈 f/4，速度 1/800s，ISO200

使用中心对焦点拍摄，是快速抓拍人物的绝佳选择。在这幅作品中，小姑娘眼睛中闪现的那一道眼光，只在瞬间出现，而又消失，相信摄影师是靠敏感的直觉，疾速完成对焦拍摄，才把它捕捉下来的。如果进行复杂的对焦、构图等拍摄过程，人物不定都跑哪儿去了。

中心对焦点的选择方法

1. 用右手拇指按一下焦点选择按钮。
2. 用右手食指按 M-fn 按钮。
3. 连续按 M-fn 按钮，直到从眼平取景器中观察到中心对焦点亮起。
4. 随后半按快门完成对焦，即可进入拍摄状态。

陈述 摄
焦距 50mm，光圈 f/5.6，速度 1/60s，ISO100

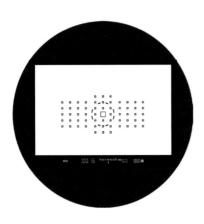

5.3 先对焦，后构图

多数利用中心对焦点进行对焦的拍摄者，往往在对焦后并不立刻完全按下快门拍摄；而是保持半按快门的状态，调整镜头取景，进行构图。这种对焦—构图—拍摄的方式，就是"先对焦，后构图"的拍摄方法。

这种方法的优点是操作便捷，速度快，非常适合于纪实抓拍，而在风光、人像拍摄当中，也会大量使用。

先利用中心对焦点进行对焦，半按快门锁定对焦

半按住快门重新构图，然后完全按下快门拍摄

陈述 摄
焦距 28mm，光圈 f/5.6，速度 1/1000s，ISO100

无疑，边缘的人物是画面的主体，可如果把这个以奇怪方式钓鱼的人放在画面中心，挡住了具有说明性的大海，观者很可能看不明白，这人在干什么？拍摄时，先把人物放在画面中心的位置对焦，然后把他放在画面的一边，让脸朝向画面中心，构图拍摄，这样的画面既含义明确，又具有美感。

陈述 摄

焦距 28mm，光圈 f/2，速度 1/125s，ISO100

使用中心对焦点对焦人物完成后，把他放在哪一侧，可以有多种考虑。在多数情况下，我们会让人背靠边缘，正面的一侧多留空间；可摄影师却反其道而行，人物更突出，画面也更简洁。

小提示

中心对焦点的技术优势

佳能的任何一款数码单反照相机，其中心对焦点配备自动对焦感应器，一定是比周围的对焦点配备得更为先进，因此具有更高的对焦速度和准确度。这也是中心对焦点最稳妥、最可信赖之处。

5.4　移动对焦点

　　针对花卉、昆虫小品的拍摄题材，使用中心对焦点拍摄，在平移镜头重新构图的过程中，会造成些许的对焦不实。此时最佳解决办法是，先确定好构图，然后移动自动对焦点到画面主体上，进行对焦拍摄。这种对焦方式的优势在于对焦极为精准细致，非常适于拍摄微距小品等题材。

陈杰 摄
焦距 200mm，光圈 f/4，速度 1/500s，ISO400

拍摄时，要利用三分法进行构图，让荷花位于左下角的视觉重心上，然后移动对焦点到荷花上，半按快门进行对焦拍摄。这样才能最好地把握虚实对比的关系。

手动选择对焦点的拍摄方法

1. 按一下焦点选择按钮，此时取景框内的当前对焦点会亮起。
2. 使用多功能控制钮进行上下左右以及斜方向，移动选择对焦点。
3. 在眼平取景框中观察移动对焦点，到所要对焦的主体位置。
4. 随后半按快门进行对焦。
5. 完全按下快门进行拍摄。

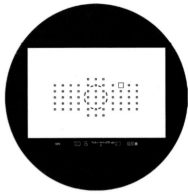

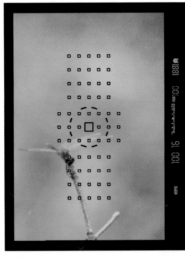

先进行构图。

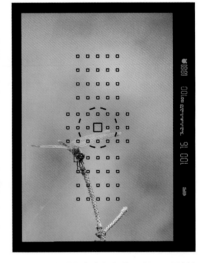

然后将自动对焦点选定在蜻蜓头部，半按快门进行对焦，而后全按快门进行拍摄。

小提示

"先构图，后对焦"的拍摄方式

先构图后对焦的方式是随着相机技术的发展，在取景框中设置了更多对焦点而诞生的对焦方式，它可以让拍摄者先进行创意方面的画面构图，然后再进行对焦等技术层面的考虑。先构图后对焦的方式，比较适合于拍摄静物小品和创意风光等场合。拍摄者可以在并不匆忙的拍摄过程中，进行细致的对焦过程。

陈杰 摄
焦距 50mm，光圈 f/1.8，速度 1/40s，ISO200

"先构图，后对焦"的方法，可以让对焦主体——最前排的粉色糖果更为准确清晰，其后的糖果逐渐虚化，保证了作品的精细水准。如果先对焦，再重新构图时，因相机的位移（专业称为正弦余差）而易导致粉色糖果失焦。

陈述 摄
焦距 24mm，光圈 f/14，速度 3.2s，ISO50

在细致的风光摄影中，先构图后对焦的方式是很常用的。尤其是把照相机固定在三脚架上，进行长时间曝光的时候。摄影师一定是先调整取景角度，进行精确构图后，固定住相机，然后再进行对焦、曝光等技术调整。

5.5 便捷的区域对焦

　　佳能数码单反照相机的自动对焦点越来越多，最少的有 19 个自动对焦点，中级单反机型的自动对焦点有 40 个，专业机型甚至有 60 个自动对焦点。对于日常人像、旅行拍摄，操作起来太麻烦了，此时最好使用快捷的区域对焦。

　　区域对焦是将众多的自动对焦点分成少数几个对焦区域，每个对焦区域内的自动对焦点协同工作。这样就大大简化了选择对焦点的操作流程。比如，EOS 5D Mark III 的 61 个自动对焦点，被分为 9 个对焦区域，这样操作起来就简单多了。

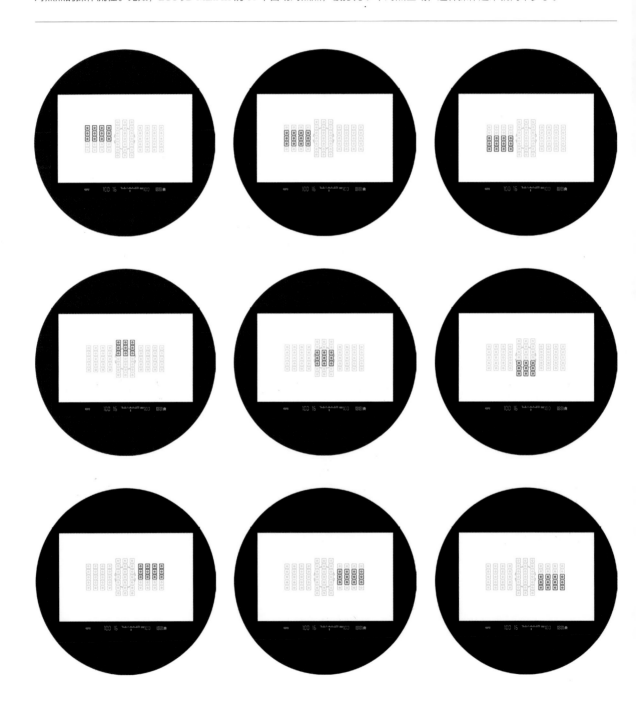

丁博 摄
焦距 50mm，光圈 f/1.6，速度 1/160s，ISO3200

抓拍人物，重要的在于捕捉人物的神情与姿态，尤其是儿童，他们的表情动作变化奇快，对焦过程越简单越好，越快越好。区域对焦不但可以联合多个对焦点，而且还会有智能的选择，只要将对焦区域选择在面部，照相机会快速地识别并对准孩子的眼睛对焦。

丁博 摄

焦距 200mm，光圈 f/2.8，速度 1/160s，ISO2000

利用中心区域进行对焦，有时会比使用中心对焦点还方便，甚至是准确快捷，尤其是在运用盲拍这一特别技术的时候。挤在人群中要拍摄远处的舞台，根本无法构图对焦拍摄，只能高举相机，将镜头尽量对准舞台方向，凭感觉取景。而区域对焦可以最大限度地保证对焦在舞台上。

区域对焦的选择方法

1. 用右手拇指按一下焦点选择按钮。
2. 用右手食指按 M-fn 按钮。
3. 连续按 M-fn 按钮，直到从眼平取景器中观察到区域对焦框的出现。
4. 随后半按快门完成设定，即可进入拍摄状态。

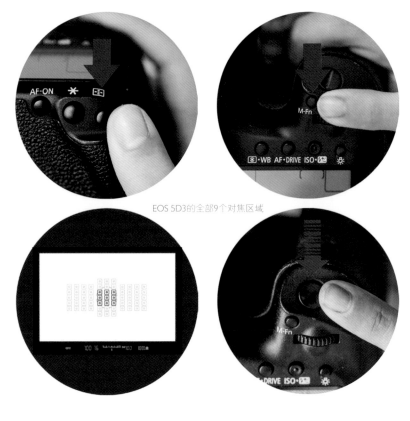

EOS 5D3的全部9个对焦区域

5.6 移动对焦区域

当我们将 61 个自动对焦点设定为 9 个自动对焦区域以后，我们可以把它设想为 9 个大的自动对焦点，用这些大的自动对焦点去捕捉我们要对焦的景物，操作起来就简单多了。

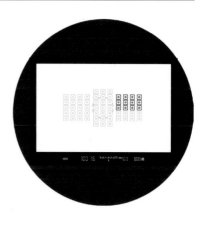

转换自动对焦区域的方法

1. 按一下焦点选择按钮，此时取景框内的 N 个相邻的对焦点亮起。
2. 使用多功能控制钮进行上下左右以及斜方向，移动选择对焦区域。
3. 在眼平取景框中观察移动对焦区域的位置。

区域对焦，除了适合于拍摄大场景的风光、人像、纪实外，还在拍摄飞鸟等运动的动物方面有特长，因为是一组自动对焦点同时工作，因此对焦就更快了，就好像是用一把霰弹枪去射击，成功率自然很高。

使用区域对焦时，当对焦完成时，红色对焦框只显示区域中完成对焦的对焦点。

丁博 摄
焦距 130mm，光圈 f/2.8，速度 1/640s，ISO100

拍摄动物，经常会遇到环境暗、光效不好的情况，单个对焦点的成功率会降低。如果使用区域对焦，12 个对焦点同时工作，就可以保证完美的对焦成功率。

丁博 摄
焦距 150mm，光圈 f/5，速度 1/400s，ISO2500

5.7　对焦模式：对焦与跟踪对焦

有相当数量的拍摄者，使用了多年的数码单反照相机，都只使用一种对焦——单次对焦，这是针对静止的人或景物的对焦方式。虽然大家也知道照相机还有跟踪对焦的功能，但并不知道在哪里设定，怎么设定。这是因为佳能命名对焦模式的时候，使用了难以理解的英文标识。

5.8　常用的单次对焦 ONE SHOT（推荐使用）

单次对焦模式就是日常使用的对焦模式，适合于拍摄风光、花卉静物以及人像等。所谓单次，就是半按快门后，照相机只对焦一次。

如果大家留心，我们会感受到这样的对焦过程：半按快门时，自动对焦启动，伴随有轻微"嗡嗡"的对焦声音；对焦完成后，相机会发出"嘀嘀"的提示音，并在取景框闪亮对焦点；如拍摄者保持半按快门的状态，相机会锁定这个对焦距离，直到按下快门完成拍摄。

史飞 摄
焦距 17mm，光圈 f/16，速度 15s，ISO100

问号 摄
焦距 85mm，光圈 f/3.5，速度 1/160s，ISO200

单次对焦模式的使用方法

1. 右手食指按下 AF•DRIVE 按钮。

2. 用右手食指转动主拨盘，直到在肩部液晶屏上显示 ONE SHOT。

3. 半按快门完成设定，即可进入拍摄状态。

4. 随后完全按下快门，即可拍摄照片。

5.9 跟踪对焦 AI SERVO

AI SERVO 全称是人工智能伺服自动对焦，就是跟踪对焦的意思。它是专门针对运动人或物的对焦方式，比如赛跑的运动员、翱翔的飞鸟或高速的赛车等。它的使用范围大都限于体育摄影和野生动物摄影。

使用跟踪对焦时，半按快门会自动启动该功能，此时照相机会不断地进行对焦，不断地调整着对焦距离；在全按快门时，相机会按照当前的对焦结果拍摄照片，实现准确对焦。

问号 摄
焦距 300mm，光圈 f/5.6，
速度 1/1600s，ISO500

跟踪对焦模式的使用方法

1. 右手食指按下 AF•DRIVE 按钮。
2. 再用右手食指转动主拨盘，直到在肩部液晶屏上显示 AI SERVO。
3. 随后半按快门完成设定，即可进入拍摄状态。
4. 在跟踪对焦拍摄过程中，相机不会发出对焦提示音，也不会亮起对焦指示灯；全按下快门，就会拍摄照片，而且在未合焦的情况下，也是可以拍摄照片的。

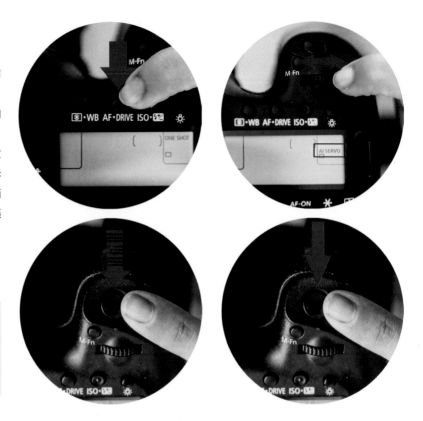

小提示

建议在使用跟踪对焦时，一定要和高速连拍功能联合使用，这样才能保证较高的成功率。

问号 摄
焦距 300mm，光圈 f/5.6，速度 1/1600s，ISO400

针对翱翔的鸽子、鸥鸟等，需要采用平行跟踪对焦。首先用选定的自动对焦点对准要拍摄的鸥鸟，保持半按快门按钮，匀速地平移转动相机，追踪主体运动的轨迹，在需要的时候可以随时按下快门，拍摄到鸟儿展翅翱翔的画面。

丁博 摄
焦距 200mm，光圈 f/2.8，速度 1/1000s，ISO400

使用跟踪对焦时，不仅可以使用平行跟踪对焦法，还可以拍摄正对相机而来的人或动物。拍摄时保持相机不动，半按快门按钮，进行跟踪对焦，并可以随时按下快门拍摄。

5.10 智能对焦 AI FOCUS

AI FOCUS 是人工智能自动对焦之意。它会判断焦点景物的状态，如果景物静止，相机会使用单次对焦（ONE SHOT）；而景物运动，它会自动使用跟踪对焦（AI SERVO）。这种功能日常使用率极低，很难被使用到。

 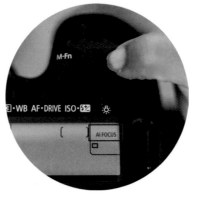 

智能对焦模式的拍摄方法

1. 右手食指按下 AF•DRIVE 按钮。
2. 再用右手食指转动主拨盘，直到在肩部液晶屏上显示 AI FOCUS。
3. 随后半按快门完成设定，即可进入拍摄状态。
4. 在智能对焦拍摄过程中，不会亮起对焦指示灯和发出提示音；全按下快门，就会拍摄照片。

刘念 摄
焦距 135mm，光圈 f/1.8，
速度 1/8000s，ISO100

人工智能自动对焦 AI FOCUS 比较适合于拍摄忽停忽动、运动轨迹不规则的景物，比如急停急转的运动员，起飞、降落的水鸟，还有围绕花朵不时起飞或降落的蜜蜂和蝴蝶等。

5.11 自动对焦出问题了?

　　在拍摄过程中,有时会遇到相机总也对不上焦,镜头的对焦环不断地转啊转,取景框里一片模糊,而且也按不下快门按钮的情况。很多初学者认为相机出故障了,十分着急。其实这是由于一些特殊的拍摄对象无法使用自动对焦,这是一种正常的现象。

　　我们在后面几个小节里将这类特殊的景物或场景介绍给大家,并介绍相应的处理方法,帮助大家完成对焦和拍摄。

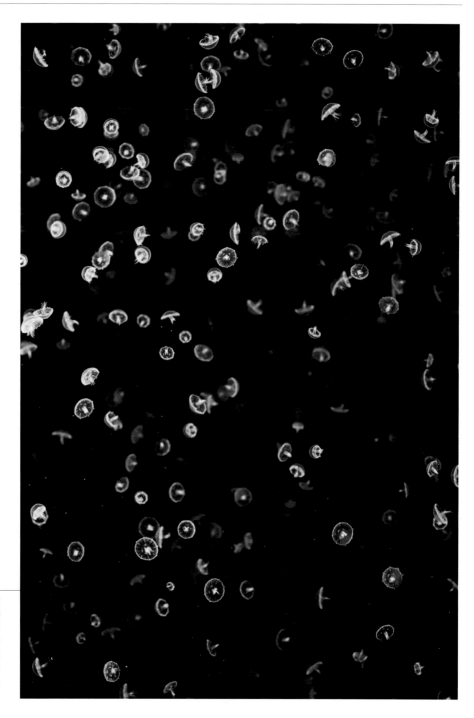

丁博 摄
焦距 70mm,光圈 f/5,
速度 1/60s,ISO2500

自动对焦技术,现今已经非常先进。但对于这样一个奇异的景象,一个机器是肯定无法思考"我该对着什么对焦,对着哪一个对焦"这样的问题。更不用说,还有很多技术的天生障碍了。但只要人给予它指示,它工作起来就顺利多了。

5.12 强逆光下对焦失败：避开强光对焦

镜头正对着太阳拍摄，或画面中存在强烈的反光（如水面的反光以及强光灯等），都会导致相机无法实现自动对焦。这是照相机自动对焦侦测系统天生的弱点，并非故障。

解决办法

在对焦前，先改变取景角度，避开强烈的太阳光或其他强烈光线进入取景框；此时半按快门对焦，对焦成功后，保持半按快门的状态，锁定对焦，而后再进行构图。这种方法操作虽然麻烦，但可以顺利地完成对焦，且对焦精度很高。

当然，此时也可以使用手动对焦，通过取景框仔细观察焦点景物是否清晰，然后再进行拍摄，但这对拍摄者的眼力和手动对焦技术要求比较高，而且对焦精度也不高。

丁博 摄
焦距 105mm，光圈 f/4，速度 1/300s，ISO1600

先避开强光，对焦并锁定，而后构图时再将强光纳入画面，强光对于对焦的影响就被消除了。有些人担心重新构图对于自动曝光是否有影响？放心，相机的自动曝光系统会重新测光，并进行正确的曝光，这一点不用担心。

Gyeonlee 摄
焦距 50mm，光圈 f/5.6，速度 1/700s，ISO200

风险与机遇共存。强逆光的人像，对焦和曝光是难题，可艺术效果却令人惊叹。在光雾和耀斑的映衬下，人物仿佛在一片朦胧的异度空间中浮现。

5.13 浓雾中容易对焦失败：使用中心对焦点

遇到大雨、大雪、浓雾等天气条件时，所有的景物都处于朦胧不清的状态，景物反差极弱，相机会很难完成自动对焦，这是自动对焦的天生弱项。尤其是边缘的自动对焦点，更容易对焦失败。

解决办法

使用取景框的中心对焦点进行对焦。中心对焦点的对焦能力最强，可以在这种恶劣天气下完成对焦。拍摄时，可以先通过半按快门进行对焦，并保持半按状态锁定对焦，然后重新构图拍摄。

如果使用中心对焦点依然无法进行对焦，就只能使用手动对焦的方法，通过取景器进行仔细的观察，旋转对焦环进行对焦，并借助相机的自动对焦系统进行核实。

丁博 摄
焦距 200mm，光圈 f/5.6，速度 1/300s，ISO100

董帅 摄
焦距 135mm，光圈 f/11，速度 1/60s，ISO100

像这一类的图片，在拍摄时，一定要考虑将焦点选择在前面的风车上，再辅助使用光圈 f/11，使得远景中的风车与太阳都在清晰的景深当中。构图时，可以参照三分法的构图方式。

5.14 黎明弱光下对焦失败：改用手动对焦

在黎明前进行拍摄，只能依靠微弱的天光提供对焦亮度。但在拍摄远处的山水时，光线暗淡、景物模糊，此时相机很难进行自动对焦。

解决办法

使用手动对焦，先寻找近处亮一些的景物，如独树、山石；如果没有，就选择远山轮廓线或水岸交界线的景物，进行仔细地辨认对焦。进行手动对焦，在合焦正确时，相机也会亮起该处的自动对焦点，表示对焦准确。我们可以利用它来进行核准。

史飞 摄
焦距 14mm，光圈 f/22，速度 5s，ISO100

尽管作品看起来比较亮，但有经验的摄影师一定明白，这是在很暗的黎明时拍摄的。相信除了天边还有那一点光亮外，湖水、右侧的树林等，都根本无法分辨了。摄影师应该是选定了水面中最近的一棵树进行的手动对焦。画面中充满了自然的神秘与冷漠。

问号 摄
焦距 28mm，光圈 f/8，速度 1.3s，ISO100

5.15 细小重复的图案容易对焦失败：改用手动对焦

有一种比较特殊的情况，自动对焦也容易失败，就是重复的图案，或是细小的类似景物。比如，整幅画面里全是类似的、金黄的银杏树叶，或是致密的铁丝网格等。这些特殊的重复图案，自动对焦会完全被迷惑，而不知所对。

解决办法

改用手动对焦，完全依靠眼力和脑力来完成对焦。

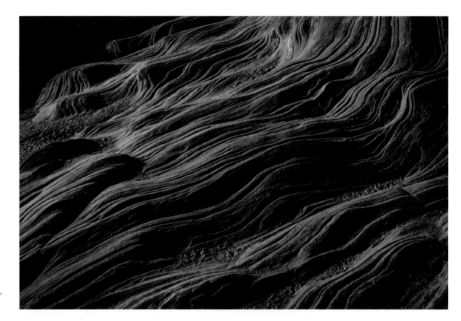

问号 摄
焦距 45mm，光圈 f/8，速度 1/500s，
ISO125

光与影，我看到的是乐章，你看到的是什么呢？

问号 摄
焦距 50mm，光圈 f/4，速度 1/50s，
ISO200

很多作品会源于一时的冲动，或是一个莫名其妙的想法。一段楼梯上的光影的变化，节奏与韵律，会触动我们的心灵。但照相机不会理解这些，它那 0 与 1 的运算方式，肯定不会有这样超越现实的感性与激情。那么，我们还是运用最原始的手动对焦吧，这样可以让我们的作品更贴近我们的心灵。

5.16 手动对焦（MF）的方法

手动对焦即摄影师依靠手动操作镜头上的对焦环来完成对焦。首先拍摄者要将镜头上的 AF/MF 开关设定在 MF 位置，然后慢慢旋转镜头对焦环，同时观察相机取景器中焦点景物的清晰度，用肉眼观察和确定是否对焦准确。

AF/MF开关

手动转动对焦环

手动对焦的功能主要用于极特殊的拍摄题材，或是某些摄影师的使用习惯。在手动对焦过程中，人工合焦准确时，相机也会发出合焦提示音和相应对焦点闪亮的显示，帮助拍摄者检测对焦。

手动对焦拍摄的方法

1. 将手动自动对焦按钮，调整到手动对焦 MF 处。
2. 一边通过取景框观察焦点景物的清晰状态，一边缓慢旋转手动对焦环，直到焦点景物最为清晰为止。
3. 一次完全按下快门按钮，进行拍摄。

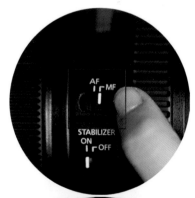

小提示

需要提醒大家注意的是：在特殊题材拍摄完成后，一定要将镜头上的AF/MF开关复原自动对焦AF处，保证以后拍摄的照片清晰。

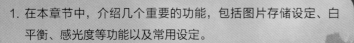

1. 在本章节中，介绍几个重要的功能，包括图片存储设定、白平衡、感光度等功能以及常用设定。
2. 了解一下连拍和点测光等特殊功能。
3. 本章节中，掌握照相机上两个重要的按钮——MENU 按钮和速控 Q 键。

第 **6** 章

六个最重要的功能
——一次设定，终身受益

6.1 存储格式选择：JPEG 与 RAW

佳能数码单反照相机的图片存储格式分为两种——JPEG 与 RAW。

■ 6.1.1 JPEG格式

JPEG 格式适用于普通用户和摄影爱好者。

JPEG 格式的最大优势在于它的通用性，无论是网络展示，还是在图片社进行冲印、打印，JPEG 格式都是他们要求的通用格式。

JPEG 格式灵活且应用广泛，它具有文件量小、存储快、浏览方便等特点。因此，它最适合的拍摄题材是纪念照，或旅行、街拍等常规摄影题材。

在设定 JPEG 格式存储时，首先注意选择最大尺寸的图片；其次要格外注意压缩比的设定，一定要选择最佳画质的压缩比，以保持最丰富的画面层次与质感。

设定JPEG存储格式的方法

1. 按下机背的 MENU 按钮，第一个选项就是"图像画质"。
2. 按下 SET 按钮，进入选项调整页面。
3. 选择画质时，用主拨盘将 RAW 格式选择为"—"。
4. 用速控转盘，将 JPEG 格式选择为"▲L"。

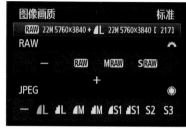

董帅 摄
焦距 24mm，光圈 f/4，速度 1/80s，ISO800

丁博 摄
焦距 150mm，光圈 f/2.8，速度 1/3200s，ISO200

家庭的摄影作品会被经常浏览，甚至是被拿到彩扩店放大成照片。所以一定要储存为 JPEG 格式，这样才可以方便地在电脑里找到，以及送到外面进行洗印。如果拿去放大，我们不用自行调整，彩扩店的工作人员有更多的经验，并会针对其彩扩设备的特点进行调整。

■ 6.1.2 RAW格式

对于摄影发烧友来说，最好能够选用最大尺寸的 RAW 格式存储图片。它是一种记录了相机传感器（CMOS）的原始信息文件，是未经任何处理的电子文件格式，我们可以把它理解为"原始图像数据"或"数字底片"。它具有更宽广的后期处理空间，尤其是对于数码单反相机来说，RAW 格式图像更能把摄影作品的潜质完美发挥出来。

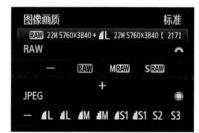

设定RAW存储格式的方法

1. 按下机背的 MENU 按钮，第一个选项就是"图像画质"。
2. 按下 SET 按钮，进入选项调整页面。
3. 选择画质时，用主拨盘将 JPEG 格式选择为"—"。
4. 用速控转盘，将 RAW 格式选择为"RAW"。

史飞 摄
焦距 16mm，光圈 f/22，速度 15s，ISO100

画面中充满着令人惊叹的细节，天空中流动的云霞，海岸边涌动的潮水，岩石上的斑痕。这些都是摄影师着力表现的细节，也是成败的关键。唯有通过 RAW 格式，才能在后期进行最大限度的后期处理，让这些隐藏在深处的层次展现出来。

RAW 图像后期处理的优势，除了常见的亮度、反差和色彩饱和度调整外，最大的优势在于对白平衡、曝光、影调层次、色彩表现、图像锐度等方面，都能通过后期做出完全无损而自然的调整；尤其是对前期的曝光失误，可以在后期进行最大程度的弥补，其曝光补偿范围可以在 ±2EV 内。

6.2　图片风格的选择：风光或自动

　　如果只是用 JPEG 格式存储照片时，图片风格的选择就变得相当重要了。不同的图片风格，照片的对比度、锐度以及色彩的饱和度、色调都不同。照相机的默认选择是使用自动图片风格，一般情况下不用去更改此项设置。

　　但如果总是感觉照片颜色灰暗、模糊，不够鲜亮，你可以使用风光图片风格。这与大多数人的拍摄和审美情趣接近，图片反差大、锐度高，色彩饱和度也高，看起来更有视觉冲击力。

　　佳能数码单反照相机除了提供自动、风光图片风格外，还有标准、人像、中性、可靠、单色等。大家可以根据自己的喜好尝试使用。

董帅 摄
焦距 16mm，光圈 f/22，速度 15s，ISO100

在风光图片风格中，照片会格外夸张蓝色和绿色的景物色彩，给予我们天更为晴朗、水更为青翠的美好感受。

董帅 摄
焦距 16mm，光圈 f/22，速度 15s，ISO100

设定风光图片风格的方法

1. 按下机背的 MENU 按钮，向右拨动多功能控制钮，进行菜单翻页，直到找到照片风格选项。

2. 按下 SET 键，进入照片风格详细设置页面。

3. 向下拨动多功能控制钮，选择"风光"图片风格，按下 SET 键完成设置。

6.3 自动白平衡的设定与例外情况

当以 JPEG 格式存储照片时，白平衡的设定，对于照片能否还原景物真实的色彩，起着重要的作用。强烈建议大家使用自动白平衡的设置，这样，无论在晴天、阴天、室内、室外、日光、灯光等何种光线下拍摄出来的照片，其色彩还原都是较为准确，并符合大众审美的。

董帅 摄
焦距 24mm，光圈 f/4，速度 1/60s，ISO6400

像是在演唱会、海洋馆等场合拍摄，很难确定现场光线符合哪一种预设白平衡；有时现场故意打出彩色灯效，让人物和景物呈现出不同寻常的色彩。所以一味地追求色彩还原，是一种技术的做法，脱离了摄影创作的初衷——色彩是摄影的一个创作手段。

丁博 摄
焦距 24mm，光圈 f/4，速度 1/2000s，ISO2500

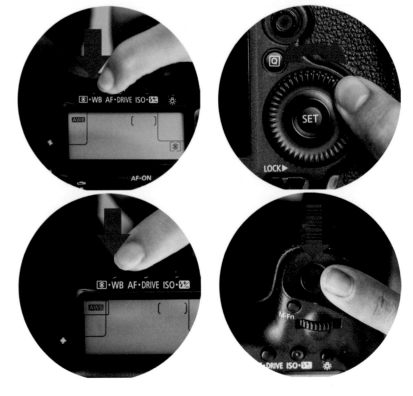

设定自动白平衡的方法

1. 按下机顶白平衡 WB 按钮。
2. 转动机背的速控转盘。
3. 直至液晶屏显示出"AWB"（自动
   感光度）字样。
4. 随后半按快门完成设定，即可进入拍
   摄状态。

但有一种例外的情况，需要我们手动设定白平衡，即在拍摄日出或日落的时候，要设定使用阴天白平衡。只有使用阴天白平衡拍摄日出日落，才是我们想要的金黄色或金红色的惊艳色彩。

而使用自动白平衡拍摄日出日落，得到的照片色彩青灰，没有强烈的日落效果。

董帅 摄
焦距 24mm，光圈 f/5，速度 1/400s，ISO400

很多影友拍摄日落的照片，总是拍不出这种漫天金光闪耀的感觉。除了有白平衡设定为阴天的诀窍外，还有两个技巧：首先是曝光要减少 0.5EV，压暗亮度，金黄的色彩才会出现；其次是时间把握，太阳在地平线以上一些时，亮度比较高，发射的光芒也就能布满天际。

陈杰 摄
焦距 105mm，光圈 f/5.6，速度 1/2000s，ISO250

设定阴天白平衡的方法

1. 按下机顶白平衡 WB 按钮。

2. 转动机背的速控转盘。

3. 直至液晶屏显示出"☁"（阴天）
   白平衡。

4. 随后半按快门完成设定，即可进入拍
   摄状态。

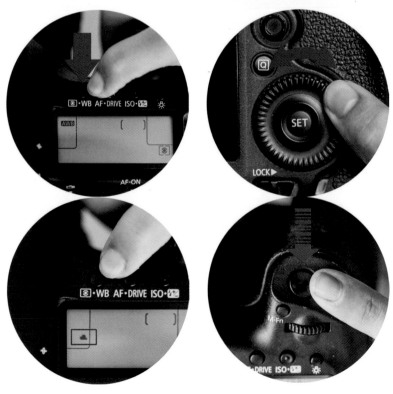

6.4　自动感光度 ISO 的设定与例外情况

感光度是数码照相机对光线的敏感程度，光线越暗，越需要使用高感光度来拍摄。感光度的高低以 ISO 的数值表示，佳能数码单反照相机的基本感光度 ISO 值为 100，数值依次翻倍为 200、400、800 等，表示感光度越来越高，越来越适合于在暗光下拍摄。目前佳能顶级数码单反照相机的最高感光度为 ISO204800，简直可以在伸手不见五指的夜里拍摄了。

但对于家庭留念、外出旅行等日常拍摄，不会到极暗的环境下拍摄，只需设定感光度为 ISO 自动（ISO A）即可。自动感光度实际是在拍摄时，照相机根据现场亮度以及光圈快门的设定，自动设定一个感光度数值，从而保证照片的拍摄成功率。所以，当我们回放照片时，可以看到有明确的感光度数值。

董帅 摄
焦距 24mm，光圈 f/7.1，
速度 1/80 s，
ISO A（拍摄时自动设定为 ISO 400）

董帅 摄

焦距 85mm，光圈 f/1.8，速度 1/80s，ISO A（拍摄时自动设定为 ISO2000）

在如此的深夜拍摄，即使使用最大光圈 f/1.8 和安全速度 1/80s，依然不能得到合适的曝光。ISO A 的设置，会自动提高感光度数值到 2000，保证了拍摄。实际上，自动感光度已经成为曝光的另一个变量了。

设定自动感光度的方法

1. 按下机顶感光度 ISO 按钮。
2. 转动机顶的主转轮，直至液晶屏显示出"ISO A"字样。
3. 随后半按快门完成设定，即可进入拍摄状态。

设定感光度ISO100的特殊情况

对于创造型的摄影爱好者来说，自动感光度有时会影响到创作作品的画质：设定的感光度数值越高，图像画质越差，尤其是在感光度数值在 ISO1600 以上的时候，画面质量下降严重。

因此，讲求作品画面细腻精致的摄影师在拍摄风光、人像或商业用途的作品时，都只使用 ISO100，以求得最佳效果，因此，ISO100 也被称为最佳感光度。

史飞 摄
焦距 105mm，光圈 f/2.8，速度 1/80s，ISO100

史飞 摄
焦距 175mm，光圈 f/11，速度 1/30s，ISO100

风光摄影师有时对于感光度的设定，甚至有偏执的倾向——永远把感光度锁死在 ISO100，无论
光线多暗。这其实就是为了纯净无颗粒的画面表现。对于一幅作品，他们并不满足于只在相机
上回放一下，他们需要在专业的显示器上把图像放大到 100% 甚至更大，去苛刻地看一看画面的
颗粒感，以及暗部的数码噪点。

设定感光度ISO100的方法

1. 按下机顶感光度 ISO 按钮。
2. 转动机顶的主转轮，直至液晶屏显示出"ISO 100"字样。
3. 随后半按快门完成设定，即可进入拍摄状态。

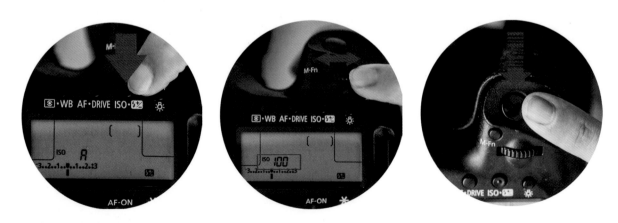

感光度的倍数关系

简单理解设定感光度的原则：设定的 ISO 数值越高，相机对光线越敏感，越适合于较暗的光线。比如，感光度 ISO200 就比
ISO100 敏感度高一倍，ISO400 比 ISO200 又高一倍；而中间的一些数值，比如 ISO160，比 ISO100 敏感度高半倍。

6.5 风光摄影使用的点测光功能

点测光是风光摄影师常用的测光模式，它可以应对一些非常特殊的光线条件：比如风雨突变时，阳光穿透乌云；或是日出日落时分的光线，在大地景物上造成的强烈明暗对比时所使用的一种测光功能。

设定点测光

1. 按下机顶◉按钮。
2. 转动机顶的主转轮，直至液晶屏显示出"◦"图案。
3. 随后半按快门完成设定，即可进入拍摄状态。

点测光的测光方法

点测光的使用方法很特殊，一定要使用取景框的最中心点，对准景物的最亮部分进行测光拍摄，可以压低整个画面的基调，突出大光比的明暗变化，形成光影强烈对比的艺术效果。

史飞 摄
焦距 16mm，
光圈 f/16，速度 1/2s，
ISO100

测光时，要用取景框中心位置对准闪亮的云彩，而后锁定曝光，重新构图，再拍摄。注意，在使用点测光后，一般就不再进行曝光补偿了，因为画面中最亮的景物被定义成中灰影调，则整幅画面亮度都大幅度降低，形成强烈的暗调效果。

问号 摄

焦距 250mm，光圈 f/5.6，速度 1/320s，ISO200。

点测光运用得好，是绝对能够拍摄出精彩的风光摄影作品来的，尤其在拍摄光影对比强烈的作品时。拍摄的时候，一定要对准取景框中最亮的部分。

陈杰 摄
焦距 105mm，光圈 f/4，速度 1/60s，ISO1600

拍摄舞台、T 台，也常用到点测光，有一条经验：用点测光去测量舞台上最亮的地方，决定曝光组合后，如果舞台光线变化不大，就可以一直使用这样的曝光组合进行拍摄，不用反复去测光了。

恢复评价测光

使用完点测光后，一定要还原到日常使用的评价测光，否则会造成后续拍摄的失败。

1. 按下机顶 按钮。
2. 转动机顶的主转轮，直至液晶屏显示出"[◉]"图案。
3. 随后半按快门完成设定，即可进入拍摄状态。

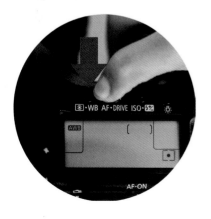  

6.6 拍鸟必用的高速连拍功能

高速连拍的快门释放频率，通常为6～8张/s，有的专业机型甚至可以达到10张/s。当然它所适用的拍摄题材也非常有限——体育摄影和野生动物摄影，在高速连拍的设置下，可以捕捉到急速运动的物体与稍纵即逝的精彩瞬间。

设定高速连拍功能

1. 按下机顶 AF•DRIVE 按钮。
2. 转动机背的速控转盘。
3. 直至液晶屏显示出"⚡₁H"高速连拍符号。
4. 随后半按快门完成对焦设定，即可进入拍摄状态。
5. 进行连拍时，一定要完全按下快门，暂时不要松开，让照相机开始连续高速拍摄；一直到一组照片拍摄完成，再松开快门。

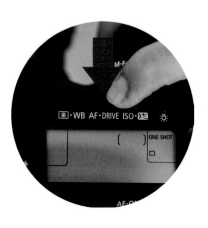

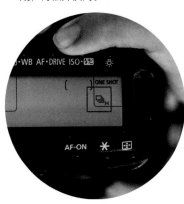

董帅 摄
焦距 75mm，光圈 f/5.6，速度 1/1000 s，ISO200

董帅 摄
焦距 24mm，光圈 f/6.3，速度 1/250s，ISO2500

拍摄漂浮人像，必须使用连拍。拍摄的方法是：大家在地面上的时候，先进行对焦、测光和连拍设定等步骤；准备好后，倒数 1、2、3 让大家起跳；按快门的时机一定要把握在大家要起跳之前；松开快门停止拍摄，要把握在大家落地以后。让连拍持续 2s 左右，拍摄 10 张以上的照片，才会出现最理想的照片。

连拍拍摄完成后，一定要恢复到单次拍摄模式，否则会影响后面的拍摄。具体方法如下。

设定常用的单拍功能

1. 按下机顶 AF•DRIVE 按钮。
2. 转动机背的速控转盘。
3. 直至液晶屏显示出 "☐" 单拍符号。
4. 随后半按快门完成设定，即可进入拍摄状态。

6.7 聪明的 Q 键功能

使用佳能 EOS 单反照相机时，对各种拍摄功能的操作，可以使用三种方式。

1. 使用机身的功能按钮、转盘和转轮配合进行控制。这是本书中重点介绍的，操作熟练快捷，会有专业风范。

2. 使用 MENU（菜单）键进行操作。操作复杂，速度极慢，除非启用一些冷僻功能，日常不太使用。

3. 使用 Q 键，启动速控屏幕进行控制。速控屏幕，简单明了而又易上手，推荐在初学阶段使用，待对主要功能熟悉后，再逐步配合机身功能键进行操作。

赵圣 摄
焦距 24mm，光圈 f/6.3，
速度 1/250s，ISO2500

在夜晚拍摄，用肩部液晶屏设定拍摄数据非常不方便，此时使用 Q 键，利用机背的液晶屏进行设定，明亮而又方便。

Q键的使用方法

1. 按下"Q"键，启动速控屏幕，要注意不同机型的速控屏幕显示的格式和内容略有不同。

2. 启动速控屏幕后，上下左右推动"多功能控制按钮"，用绿色高亮框选择需要调整的功能。

3. 按下"SET"键，进入该功能控制界面，进行详细设置。

4. 调整好后，按下"SET"键完成设置，并返回速控屏幕。此后就可以拍摄了。

速控屏幕主界面及单项功能详细设置界面（不同系列的佳能机型，速控屏幕显示项目和格式有所不同）

1. 拍摄模式	2. 快门速度	3. 光圈值	4. 曝光锁定
5. 高光色调优先	6.ISO 感光度	7. 曝光补偿 / 自动包围曝光	
8. 闪光曝光补偿	9. 自定义控制	10. 照片风格	11. 白平衡
12. 白平衡偏移	13. 自动亮度优化	14. 图像格式与存储卡选择	
15. 自动对焦模式	16. 测光模式	17. 驱动模式（单拍或连拍）	

赵圣 摄
焦距 70mm，光圈 f/2.8，速度 1/250s，ISO1000

6.8　试拍微电影

　　佳能数码单反照相机的短片拍摄功能技术已经相当成熟，不仅可以完全满足家庭的一般需要，甚至可以用来拍摄专业的纪录片。在此我们仅针对普通的家庭用户，介绍一下最简单的短片拍摄方法，只要大家按照下面的步骤逐一设置好功能，就可以轻松录像了。

短片的拍摄方法

1. 设定拍摄模式为程序自动 P，相机会自动曝光以得到合适的影片亮度。
2. 开启短片拍摄开关。
3. 半按快门按钮，拍摄前先对人物进行对焦。
4. 按下"START/STOP"按钮开始拍摄，再次按下"START/STOP"按钮停止拍摄。

为数码单反照相机配镜头，就如同给自己带来了一双好眼睛，这对摄影创作是非常关键的。而且，一只好的镜头，能伴随使用创作的全部生涯。因此，建议大家在镜头选择上，多费些心思与财力。

第7章

董帅 摄
焦距 200mm，光圈 f/10，速度 1/800s，ISO100

完美的镜头

7.1　分清 EF 与 EF-S 镜头

　　佳能单反镜头分为 EF 与 EF-S 镜头，EF 镜头使用在专业的全画幅相机上；而 EF-S 镜头是为非全画幅相机设计使用的。但在使用上，EF 镜头使用的范围更广。

■ 7.1.1 EF镜头适用于全部佳能数码单反照相机

　　EF 镜头是佳能单反照相机的镜头型号，在胶片时代就是这样命名的。而今，EF 镜头都可以用于佳能的 EOS 数码单反照相机上。而且，当它安装在全画幅的数码单反照相机，如 EOS 1D 系列、EOS 5D 系列、EOS 6D 系列照相机上时，其焦距（段）保持不变。

　　当 EF 镜头安装在非全画幅的佳能数码单反照相机，包括 EOS 7D 系列、EOS 80D 系列、EOS 800D 系列上时，取景范围会变小一些（镜头焦距 ×1.6），其他拍摄功能不受任何影响。

陈磊 摄
焦距 120mm，光圈 f/11，速度 1/400s，ISO800

如果将 EF 镜头使用到全画幅的数码单反照相机上时，拍摄到的就是整幅画面，而将该镜头安装到非全画幅的数码单反照相机身上时，就只能拍摄到蓝框以内的画面。虽然取景范围缩小了，但透视关系和成像效果都不会受到影响。

■ 7.1.2 EF-S镜头只能安装在非全画幅佳能数码单反照相机上

　　EF-S 系列镜头，是佳能公司专门为 APS-C（非全画幅）数码单反照相机开发的镜头，名称中的"S"表示小成像圈（Small Image Circle）的意思。因此，它只能安装在 APS-C 画幅数码相机上，包括 EOS 7D 系列、EOS 80D 系列、EOS 800D 系列。

　　要牢记，EF-S 镜头不能在全画幅数码单反照相机上使用，强行安装会损坏昂贵的照相机。

陈述 摄
焦距 24mm，光圈 f/5，速度 1/60s，ISO800

7.2　最安全的装卸镜头方法

　　无论全画幅或非全画幅佳能数码单反照相机，卸下镜头的方法是一致的。首先要用把持照相机的手的拇指，按下镜头解锁键（见图），而后用另一只手攥稳镜头，逆时针轻轻转动，转动相应角度后（45°～60°），遇到阻力自然停止，轻轻拔出镜头即可。

　　注意卸下镜头后，应当立即盖上镜头后盖，避免灰尘或水汽进入镜头，损坏或污染镜头内部结构。同时，照相机机身也应当立即安装上另一只镜头；如长期不使用，应盖上卡口盖子，以避免灰尘、水汽进入照相机内部，损坏照相机内的零部件，尤其防止感光元件 CMOS 落上灰尘。

镜头解锁键

高杰 摄
焦距 70mm，光圈 f/8，速度 1/320s，ISO200

■ 7.2.1 安装EF镜头时，镜头红点与机身红点对齐

全画幅相机机身上的镜头接口

APS-C画幅相机机身上的镜头接口

无论是将 EF 镜头安装在全画幅还是非全画幅数码单反照相机机身上，都需要注意将镜头尾端的红点与机身上银色金属圈上的红点相吻合，然后将镜头尾端小心插入，再轻轻顺时针转动 60° 左右，听到轻微的"咔嗒"声，镜头就安装到位了。

■ 7.2.2 安装EF−S镜头时，镜头白块与机身白块对齐

EF-S 镜头只能安装在非全画幅数码单反照相机上。安装时，一定要注意镜头尾端上的白色小方块，与机身镜头金属卡口上的白色小方块对齐，然后将镜头尾端小心插入，再轻轻顺时针转动45° 左右，听到轻微的"咔嗒"声，镜头就安装到位了。

APS-C画幅相机机身上的镜头接口

陈述 摄

焦距 24mm，光圈 f/8，速度 1/2s，ISO100

7.3 镜头变焦效果

在镜头变焦拍摄的过程中，我们最直接的感受就是取景范围发生了变化。焦距数值小的广角镜头，比如焦距 18mm 或 24mm，所能拍摄到的景物范围广；反之，焦距数值大的长焦镜头，比如 200mm 或是 300mm，我们所能拍摄到的景物范围小。

问号 摄
焦距 18mm，光圈 f/7.1，速度 1/500s，ISO200

使用广角镜头，可以把水池、建筑以及附属的园林树木都拍摄下来，展现了古堡的整体风貌，这样的取景范围宽广、拍摄到的景物多。

问号 摄

焦距 100mm, 光圈 f/8, 速度 1/1250s, ISO200

使用长焦距镜头, 可以把建筑的局部拉近了拍摄, 把建筑的细节表现出来——房檐的线条, 屋顶的形状色彩, 还有尖端上的十字架的样式, 都历历在目。这就是长焦距镜头、望远镜头的特点。

其实镜头焦距数值，表示的是一个光学特性。过于纠缠焦距数值和视角范围并不全面，因为还牵扯到 CMOS 的画幅大小。所以，我们只要通过镜头瞄一瞄，体会一下取景范围的变化，是宽广还是狭窄，是望得远还是望得近，就可以理解广角和望远，而中间的部分，自然就是标准焦距段了。

董帅 摄
焦距 70mm，光圈 f/14，速度 1/640s，ISO100

标准镜头，是和我们日常观看的效果比较接近的。远远的雾中隐约伫立着风车，太阳正好从它的身后升起。这样符合我们的视觉习惯，画面让我们觉得安静祥和。

董帅 摄
焦距 140mm，光圈 f/11，速度 1/60 s，ISO100

长焦距镜头，可以把景物拉近了进行拍摄，我们甚至还看见了后面的一架风车。长焦距、望远镜头，可以得到超过人眼观察的景象，带给我们强烈的视觉冲击力。

7.4 谨慎对待 AF/MF 对焦按钮

AF/MF（手动 / 自动）对焦按钮，是所有佳能镜头上都具备的常用按钮。在通常情况下，我们要将按钮设定在 AF 处，利用相机的自动对焦功能进行拍摄。

一些传统的纪实摄影师，或是商业产品摄影师，有时会使用到手动对焦功能。此时可以将按钮设定在 MF 处，然后通过手动转动对焦环进行对焦操作。这需要相当的技巧和眼力配合，不建议普通摄影爱好者尝试。如果我们是偶尔使用手动对焦功能，那么在拍摄完成后，一定要记得还原按钮到 AF 处，以免影响下一次的拍摄。

问号 摄

焦距 120mm，光圈 f/4，速度 1/1000 s，ISO400

一种创意的取景方式——通过窗棂拍摄徽派建筑。但对焦是个麻烦，自动对焦只能选择在近处的窗棂上，摄影师改用手动对焦，才能实现自己的创意。手动对焦，在照片中有大面积前景的情况下，非常有用。

7.5 开启镜头防抖开关（STABILIZER ON/OFF）

在手持拍摄时，照相机容易晃（抖）动，导致拍虚照片。防抖功能就是为此而设计的技术。目前，佳能的绝大部分镜头都运用了防抖技术。它不仅能在日常情况下防止抖动，更能在光线暗、快门速度低的情况下，提高照片拍摄的成功率。摄影爱好者可以让镜头上的防抖开关（STABILIZER）始终设于"ON"的状态，即开启防抖功能。

董帅 摄
焦距 150mm，光圈 f/4，速度 1/500s，ISO200

使用长焦距镜头拍摄时，开启防抖功能是非常重要的。因为长焦距镜头本身长，重量也大，端不稳是肯定的。但要注意，有些专业级的望远镜头（大白头），当安装在三脚架上拍摄时，需要关闭防抖功能，这些镜头的说明书上有专门的说明。

董帅 摄
焦距 150mm，光圈 f/4，速度 1/500s，ISO200

现在的多数长焦距镜头，配备了进化的防抖功能，它可以自动检测镜头的震动和抖动情况。如果发现抖动，相机会自动启动防抖功能。这种更高级的防抖功能，无须拍摄者去操控开关，因此，在镜头上面也找不到防抖开关（STABILIZER ON/OFF）按钮。于是，在手持拍摄这种高速运动的画面时，就无须为手抖操心了。

7.6 好用不贵的全画幅套机镜头：EF 24-105mm f/4L IS II USM

套机镜头，既是简便也是最佳的选择，所有的套机镜头都具有性价比高、用途广、成像品质良好和功能全面等特点。而升级的 EF 24-105mm f/4L IS II USM 二代镜头，是全画幅镜头中最经典的、实用的 L 级（专业级）套机镜头。

24mm 的广角、中间的标准焦距和 105mm 中远摄焦段，是绝佳的焦距涵盖范围，绝对可以满足摄影发烧友的需要，而它的高分辨力和良好的对比度，使它拍摄的照片，从广角端拍摄时的边缘画质，到长焦端拍摄细节的精细锐度，绝对是高品质的；而恒定最大光圈 f/4，在 105mm 的长焦端，同样可以获得美丽的虚化效果。

问号 摄
焦距 35mm，光圈 f/8，速度 1/125s，ISO100

7.7 一款出色的非全画幅镜头：EF-S 17-55mm f/2.8 IS USM

这款镜头的出色在于它的整个变焦段内，是恒定光圈 f/2.8，这令许多专业 L 级的 EF 镜头都为之汗颜。这绝对是高级别的专业镜头才能达到的水准。使用 f/2.8 的大光圈，画面可以产生美丽的虚化效果，展现出大光圈镜头特有的大片感觉，喜爱它的人常称其是"一款有味道的镜头"。它非常适合于拍摄风光和人像作品。

首先它的镜头口径达到了超大的 77mm，而且 2 片昂贵的 UD（超低色散）镜片，保证了成像的优秀画质，照片对比度和分辨力得到优良的平衡，不但成像通透锐利，而且细节层次丰富柔和。

4 级防抖功能、圆形的 EMD 电磁驱动光圈、环形 USM 超声波马达等，都是 L 级 EF 镜头的高级技术。它的变焦范围是 17 ~ 55mm，换算成常规焦距是 27 ~ 88mm。相对于 EF 24-70mm f/2.8L II USM，性价比高。

这款镜头对于钟情于非全画幅的摄影爱好者来说，这是一款必须入手的镜头。它适用于 EOS 7D MarkII 或 EOS 80D 系列。

丁博 摄
焦距 40mm，光圈 f/2.8，速度 1/80s，ISO1000

7.8 广角变焦王：EF 11-24mm f/4L USM

EF 11-24mm f/4L USM 是佳能广角变焦镜头中的王者。以前的广角变焦范围在 16 ～ 35mm，全新设计开发的 11 ～ 24mm 变焦段，与 24 ～ 70mm 标准变焦段进行无缝衔接，而超广角 11mm 端的覆盖能力，远超以前 16mm 端的覆盖能力。

赵圣 摄
焦距 14mm，光圈 f/14，速度 1/3s，ISO200

　　这款镜头对于建筑摄影，尤其是室内拍摄，异常重要。它更会拓宽风光摄影的艺术表现视域，带来新的风光摄影创作风貌。

　　这款镜头上有佳能所有的高精尖技术，各种高品质镜片、镀膜、对焦、防护技术都用在了它身上，为它可谓是倾尽全力。因此这款镜头的成像、质量等不用怀疑，唯一不快的就是其超高的售价了。当然，如果是出于职业、专业摄影所需，那它的价格也还可以接受；而口袋富裕的发烧友，也一定要把它收入囊中，这样优秀的镜头不用犹豫。

7.9　标准变焦新星：EF 24-70mm f/4L IS USM

　　这款镜头也是佳能公司近年内推出的一款全新的 L 级镜头。它的变焦范围是从 24mm 广角到 70mm 中远摄焦段，适用于风光、抓拍和人像等多种拍摄场景，它最突出的特点是具有微距模式，其最大放大倍率可以达到惊人的 0.7 倍微距拍摄。这一指标绝对是除专业的微距镜头外，再无能匹敌的了，它完全可以满足摄影师在拍摄昆虫、花卉上的需求。而且它采用了圆形光圈，在拍摄的作品中实现了最为柔和而美丽的虚化效果，这也是其吸引摄影师的关键点。它经常作为 EOS 5D Mark III 和 EOS 6D 的套机镜头出现，增加了性价比的优势。

　　这款镜头的成像素质极佳，成像清晰锐利，明暗反差表现优异，作为一只最常用的标准变焦镜头，绝对可以满足摄影发烧友的需要。而且，它在微距摄影上的绝大优势，是其他镜头都望尘莫及的。它的双重防抖系统，平时可达 4 级防抖效果，在微距拍摄时可以达到 2.5 甚至 3 级防抖效果，解决了微距摄影中的手抖与相机震动问题。这样一款优秀的标准变焦镜头，再加上准微距功能，提升了它的自身价值。

董帅 摄
焦距 24mm，光圈 f/4，速度 1/100s，ISO100

7.10 长焦变焦王者：EF 70-200mm f/2.8L IS II USM

    EF 70-200mm f/2.8L IS II USM 是佳能 f/2.8 长变焦系列的旗舰，作为佳能标志性的白头，它在佳能 70-200mm 变焦段的多款镜头中，尚未有其他镜头能与其匹敌。因此，它是专业摄影师和摄影发烧友的最佳选择，在新闻、体育摄影、人像摄影、风光摄影等领域均有广泛应用，被影友爱称为"爱死小白"（"爱死"是 IS 防抖的谐音，"小"是指其体积与光圈，"白"则是佳能长焦距段镜头的统一外观颜色）。

    这款镜头用料十足，5 片 UD（超低色散）镜片和 1 片萤石镜片，均具有高分辨力和对比度。f/2.8 的恒定最大光圈，取景明亮，成像透彻。新增的经过强化的 IS 防抖功能，带来最大相当于约 4 级快门速度的补偿效果。镜身的强度、连接处的防水滴防尘结构，实现了更高的耐用性与牢固性，能够满足专业摄影师在苛刻拍摄条件下使用的需求。

问号 摄
焦距 200mm，光圈 f/4，速度 1/400s，ISO400

7.11 奇妙的微距世界：EF 100mm f/2.8L IS USM

　　微距镜头本来用于专业翻拍保存纸面文献所用，和一般镜头相比，不但具有极高的分辨力和锐度表现，而且它具有 1：1 的原大放大倍率，即在感光元件 CMOS 上成像，与所拍景物一样大小，这样再经过后期的放大输出，就可以看到人眼所无法观察到的微观景象了。另外，微距镜头还有不为常人注意的平像场设计，从而利用微距镜头拍摄出来的照片，背景虚化极为强烈，景深极浅。因此，摄影师更多的是将微距镜头作为拍摄花卉和静物之用。

陈杰 摄
焦距 100mm，光圈 f/5.6，速度 1/200s，ISO200

　　真正的微距镜头上都标注"MACRO"字样，它与普通镜头所拍摄的放大影像不同：其一是放大倍率高，微观世界展现精致；其二是没有变形，展现的是生物自身的原状态。

　　这是一款搭载了双重 IS 影像稳定器的中远摄微距镜头，其镜头结构为 12 组 15 片，其中包含了 1 片对色像差有良好补偿效果的 UD（超低色散）镜片。优化的镜片位置和镀膜可以有效抑制鬼影和眩光的产生。由于镜头采用了圆形光圈，能够得到美丽的虚化效果，无愧镜头标识中的 L 标记。

7.12 最重要的镜头标识

镜头型号的详细标识，通常位于镜头最前端的外沿处。有些镜头，其标识也会在其他位置，比如超广角镜头的标识会位于镜头遮光罩上。另一些镜头的标识，位于镜头前端镜片边缘处。

	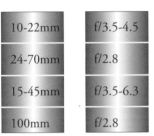			
EF-S	10-22mm	f/3.5-4.5	USM	
EF	24-70mm	f/2.8	L II USM	
EF-M	15-45mm	f/3.5-6.3	IS STM	
EF	100mm	f/2.8	L IS USM MACRO	
①	②	③	④	

佳能镜头的详细标识，可以分为四个部分来解读。

1 镜头种类

2 焦距段

3 最大光圈

4 镜头特性

佳能的镜头有上百种，镜头标识也很复杂，但把几个最重要的标识记住也就可以了。

① 镜头种类：分清EF和EF-S

EF 镜头，可以装在佳能所有的数码单反相机上。

EF-S 镜头，只能使用在佳能非全画幅数码单反相机上。

其他还有 TS-E 移轴镜头，EF-M 镜头用在佳能微单上，MP-E 镜头等。

② 焦距段：变焦还是定焦

变焦镜头很流行，很常用。

定焦镜头的焦距数值是固定的，而且最大光圈都很大，拍摄的照片很有特色，现在越来越多的人爱上了定焦镜头。

③ 最大光圈：越大越虚化

镜头的最大光圈越大越好，光圈越大虚化效果越明显，专业变焦镜头的最大光圈一般都是 f/2.8，这也算是一个标志。

普通变焦镜头的最大光圈值会随焦距变化而变化，称为浮动光圈，标明两个数值。如 18-135mm f/3.5-5.6，表明广角端 18mm 的最大光圈为 f/3.5，而长焦端 135mm 的最大光圈就变为 f/5.6。

④ 镜头特性

镜头特性标识字母缩写很多，代表很多技术，但以下几个最重要。

L 是 Luxury（豪华、奢侈）的缩写，是佳能的高端专业镜头，镜头前端有红线，也被称为"红圈"镜头。

II、III 表示是同一款镜头的第 2 代、第 3 代更新产品，在购买镜头时要关注更新换代信息，新镜头不仅技术更成熟，而且更适用于最新一代的佳能数码单反照相机机身。

IS（Image Stabilizer）是防抖功能，这对于旅行、日常拍摄而言非常重要。

史飞 摄
焦距 24mm，光圈 f/22，速度 10s，ISO100

在本章中，给大家介绍当下最流行、最实用的构图原理与方法，记住这些例图，大家可以在实际拍摄时进行仿照，这是非常有效的构图学习方法。

第 **8** 章

看作品，学构图

8.1　突出主体

摄影作品的主体就是画面中最重要的景、物或人，是摄影师最关注的部分。突出主体是一幅摄影作品成功与否的关键因素。在此，我们给大家介绍最简单实用的两种突出主体的方法。

赵圣 摄
焦距 24mm，光圈 f/5.6，速度 1/50s，ISO400

■ 8.1.1 在画面中更大些

让主体在画面中更大些，就是让它在画面中占据足够大的空间，这是最简单地突出主体的方法。尽管这一方法非常简单，但对于突出主体非常实用。无论对于风光、纪实还是人像摄影来说，都是非常重要的。

方法一：抵近拍摄，离得越近，景物在画面中所占的比例越大。

"如果你拍得不够好，那是因为你离得不够近。"这是摄影师罗伯特·卡帕（Robert Capa）的名言，可以有多种理解。但最简单，也就是最字面的含义，要想拍得好，一定要离得近一些，再近一些。

这种方法特别适用于拍摄人像、花卉等题材。同时，这种方法也适合于使用广角镜头和标准镜头的场合。

丁博 摄
焦距 24mm，光圈 f/2.8，速度 1/3200s，ISO500

每一只镜头都有一个最近对焦距离，而且镜头的焦距越短最近对焦距离越近。摄影师使用 24mm 的广角镜头，最近对焦距离可以在 30cm 左右，也就是可以贴得很近拍摄荷花，这样就可以让莲花占满整个画面，形成图案性的画面效果，让观者可以看到整体花型，甚至于花蕊内部的细节。

Gyeonlee 摄
焦距 55mm，光圈 f/1.8，速度 1/400s，ISO200

其实 55mm 的标准镜头，一般用于拍摄人物的全身像，可摄影师更大胆地在距离人物不到 1m 的
距离抵进拍摄，就可以拍摄到人物头面部肖像。人物充满了画面，带来强烈的视觉冲击力，那只
眼睛的洞穿力，几乎令观者不敢直视画面。这就是近距离力量感。

方法二：使用长焦距镜头，在画面中放大主体。

长焦距镜头可以让拍摄者在很远的地方，将所要拍摄的景物在画面中变得很大，这也是我们使用望远镜的原理。长焦距镜头一般都是 100mm 以上的焦距，而且焦距越大，望得越远，拍得越大。常用镜头的最长的焦距能达到 300mm。

史飞 摄
焦距 175mm，
光圈 f/11，
速度 1/30s，
ISO100

使用长焦距镜头拍摄风光，更注重的是放大风景中的局部，也就是其中最为精彩的部分。连绵的五彩山，其中摄影师关注到的色彩最丰富、光影变化最强烈的部分，唯有通过长焦距镜头，才能把这样的局部精粹拍摄出来，呈现给观者。

史飞 摄
焦距 150mm，
光圈 f/16，
速度 1/50s，
ISO100

长焦距还有望远的功能，它不但能放大远处主体在画面中的比例，更能够将细节放大，方便观者观察。数十公里外的雪山上飘起的旗云，只凭借肉眼是看不到很多细节的。而在长焦距镜头下，不仅旗云的明暗层次分明，连雪山阴影中的崖壁也历历在目。

丁博 摄
焦距 200mm，光圈 f/2.8，速度 1/500s，
ISO1000

长焦距镜头非常适合用来拍摄人物特写，
尤其适用于抓拍人物的表情。它的优势在
于，可以在很远的地方，在人物不注意的
情况下，进行拍摄。当乐手完全沉浸在音
乐当中时，可以看到他跟吉他与音乐完全
融为一体。虚化的背景很好地衬托了人物，
这是长焦距镜头的另一优点。

■ 8.1.2 在画面中更清晰

在一幅作品中，清晰的景物要比虚化的景物更容易被观者注意到，因此，在拍摄当中，我们一定要把需要突出的主体清晰地展现出来。具体的方法也非常简单，就是瞄准主体进行对焦，而且是精准的对焦。

史飞 摄
焦距 85mm，光圈 f/1.8，速度 1/1000s，ISO200

清晰地展现主体，总是和虚化环境联系在一起的。风中的人物在河滩的荒草中，自动对焦会受到周围杂草的影响，稍许的对焦失误都会让人物脱焦而模糊。手动的精准对焦，配合 f/1.8 的大光圈进行虚化，让人物清晰地从环境中突显出来。

史飞 摄
焦距 100mm，光圈 f/2.8，速度 1/500s，ISO100

从画面下方的水池，到背景中的教堂大门，都在虚化的范围之内。只有一对新婚的夫妇在画面中
清晰展现，一下就从画面中突显出来。让我们观察到，主体清晰在一幅成功作品中的重要性。

8.2 极简构图

摄影是减法的艺术，但怎么减？减什么？不减什么？摄影师有时都很犯难。所以，不如反向思维，从拍摄极简的画面入手，绝对是个学习构图的简便方法。

■ 8.2.1 取景单一

极简构图就是让画面尽量简单、洁净，画面中的构图元素越少越好，画面中最好只有一个景物元素。在取景时，就关注那些单一的、孤独的、简单的景物，以它为主题进行创作。

问号 摄
焦距 80mm，光圈 f/8，速度 1/100s，ISO100

拍摄极简的画面，有时是一种创作心理上的挑战。拍摄红海滩，如果仅仅是蓝天和红色的海滩，观众会看得明白吗？是不是应该有一些其他的说明性景物呢？这是拍摄者的常规想法，其实观者可能并不关注画面里是什么具体景物，只要好看就好！

问号 摄
焦距 28mm，光圈 f/8，速度 1/30s，ISO100

极简的画面具有强烈的形式感，它可以一下子就抓住观者的视觉。它完全是一种形象、一种符号。在多数情况下，不必问这有什么意义。

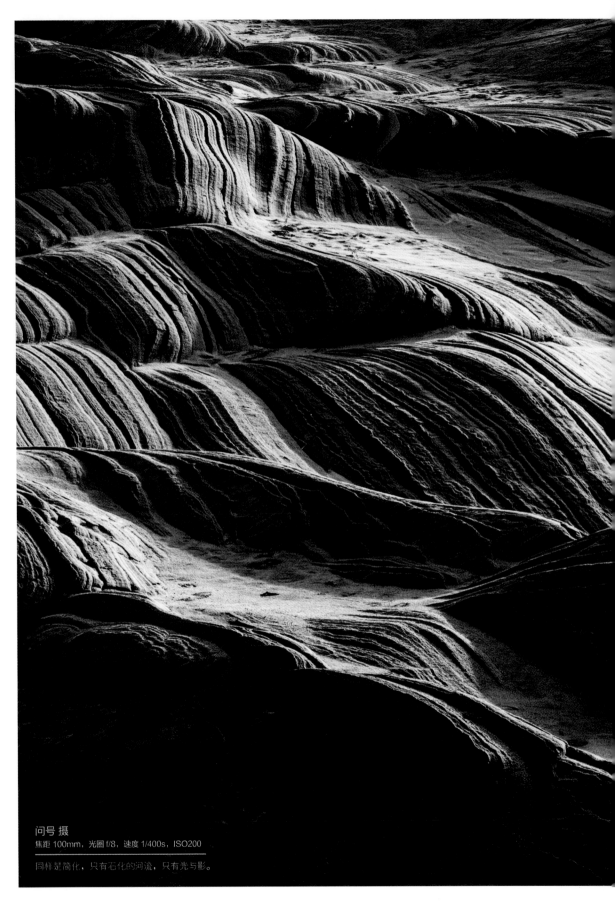

问号 摄
焦距 100mm，光圈 f/8，速度 1/400s，ISO200

同样是简化，只有石化的河流，只有光与影。

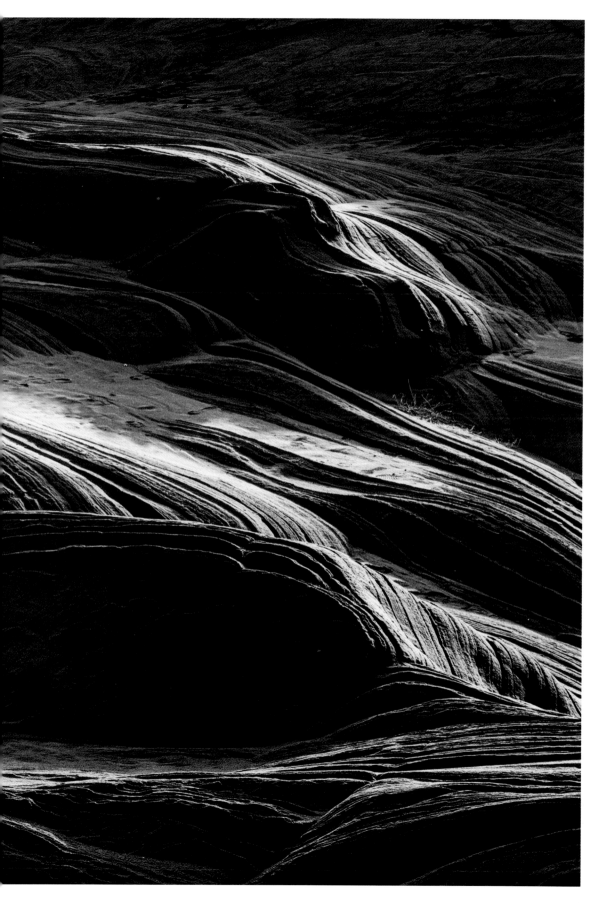

■ 8.2.2 虚化环境

极简画面的环境处理同样重要。环境复杂了、乱了，不但会对单一主体的表现有影响，同时还会破坏整体的极简画面效果。因此，要对环境有把控，要简化环境，要虚化环境，甚至要模糊环境。

天气的虚化

构图几乎完全相同的两张照片，仔细观察一下环境，有着蓝天、云霞、水面倒影的作品，我们可以称它为风景片，更多的影友戏称它为"糖水片"，观者会喜欢它的漂亮；而在一片白茫茫的画面中，故宫的角楼简单地、突兀地展现出来，没有天也没有地，感觉不到环境的存在，观者会喜欢故宫的静穆，会有思考。

赵圣 摄
焦距 24mm，
光圈 f/16，
速度 1/160s，
ISO200

赵圣 摄
焦距 24mm，
光圈 f/8，
速度 1/60s，
ISO320

光圈的虚化

利用光圈虚化环境最大的好处是可控。如果要让人物从环境中更明显地脱离出来，可以使用光圈 f/2.8 或 f/1.8 等大光圈；如果需要人物与环境结合一些，则可以使用光圈 f/4，让环境的虚化在可辨认的范围内。照片中的海魂衫女孩与灯塔，互相讲述着故事。

Gyeonlee 摄
焦距 50mm，光圈 f/4，速度 1/4000s，ISO200

Gyeonlee 摄
焦距 50mm，光圈 f/1.8，速度 1/50s，ISO400

人像创作，要想清楚是"虚化背景"还是"虚化环境"。如果仅仅是虚化背景，思考就片面、局限了；而虚化环境，既让人物与环境相互融合、衬托，又让人物从环境中跳出来，脱离环境。

丁博 摄
焦距 200mm，光圈 f/2.8，速度 1/2000s，ISO250

焦距虚化

使用长焦距镜头时，焦距越长，画面越容易产生虚化的效果。但需要注意的是，长焦距镜头由于取景范围非常狭小，只能拍摄主体的特写，周围环境包括的不多，它虚化的是背景，因此作品层次丰富性不足。

特殊虚化

　　利用长时间曝光的技法，让泡沫翻滚的大海、乌云密布的天空完全模糊，形成无法分辨的形态，单一的礁石形成强烈的态势，刺入眼帘。风景创作，不再是静止的、亘古不变的静态画面，而是通过模糊环境，增加时间元素，形成动势。虚化环境还有很多特殊的方法，长时间曝光是其中之一，另外还有追随拍摄、中途变焦的爆炸效果等。

8.3　三分法

"三分法"就是用"井"字格将取景框三等分，形成四条线和四个交点，这些线和点都是安排画面重要景物的理想位置。使用三分法构图给画面增添变化，带来灵动感觉，在风光、人像、动植物小品以及纪实摄影中，都有着广泛的应用。

■ 8.3.1 三分法的线

三分法中的两条水平线是用来安排地（水）平线之用。至于是利用上方的线，还是下面的线，要根据拍摄实际来定。总的原则是：哪部分景物丰富，哪部分所占比例大。

高杰 摄
焦距 70mm，光圈 f/8，速度 1/100s，ISO400

实际运用时，一定要灵活，1/3 的比例线条仅仅是一条参考，要艺术性地、感性地安排线条。画面 1/3 附近的区域，都是很适合放置地平线的位置，根据节奏和韵律形成变化，才会优美。

问号 摄
焦距 300mm，光圈 f/5.6，速度 1/1000s，ISO200

尽管海平线上方有着蓝天与白云，但海平线下面一对正在拍摄玩耍的金发美女牢牢占据了视角中心。采用稍许的俯拍视角，海平线就可以安排在画面的上 1/3 处，让海面变成美女们的最佳背景。

问号 摄
焦距 70mm，光圈 f/5，速度 1/500s，ISO3200

很多时候，由于山峦、楼宇建筑的遮挡，地平线会被遮挡住，成为隐藏着的地平线，我们需要有一双穿透山野的眼睛。在这幅作品中，我们看不到明确的地平线，但摄影师在创作时，有一个隐形的地平线在画面下 1/3 处，这让画面均衡和谐。

Gyeonlee 摄
焦距 50mm，光圈 f/2，速度 1/2500s，ISO100

三分法中的垂直线，是拍摄人物全身像时
重要的参考。它可以让画面留出合适的余
地安排对应的景物，或是作为商业人像，
在另一侧做品牌宣传，比如放置品牌的名
称或 LOGO。

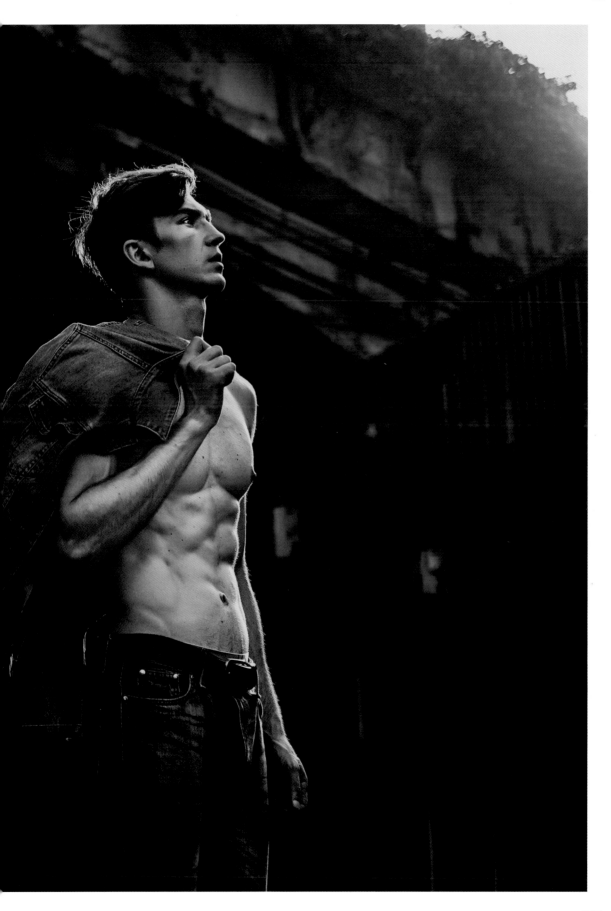

■ 8.3.2 三分法的点

　　三分法中的四个交叉点，在拍摄风光时，是安排点状、块状景物的关键位置，比如初升的太阳、突起的山峰、山中的亭台或是爬山的人物等。尤其是在画面有主体和陪体两个景物时，最好以对角点的方式安排它们，这样可以让画面保持平衡。

问号 摄
焦距 300mm，光圈 f/5.6，速度 1/1000s，ISO200

日出、日落的大多数拍法，都是将太阳放在画面中间的位置，形成左右平衡的态势。摄影师将太阳放在画面右上侧的三分法点上，而光幕线以对角线的形式，向左下角的三分法点上投射过来，画面有了灵动感。

丁博 摄
焦距 35mm，光圈 f/2.8，速度 1/125s，ISO1000

这幅作品当中，人物最明显的线条，其实是她双眼的连线。看明这一点，我们就明白了这幅图片的构图令我们感到舒适的原因了。少女的眼睛在画面的一侧，竖向排列；而宠物猫在另一侧的左上角处，二者相互融合衬托。

　　利用三分法拍摄人像，可以令作品鲜活灵动，富有青春活跃、自然的效果。尤其适合于女性、儿童题材。用三分法拍摄人像，构图时要注意以下两点：

　　1. 人物身体的线条位置，可以参照三分法中的线条位置；

　　2. 人物的头部、眼睛和手的放置，可以参照三分法中点的位置。

Gyeonlee 摄
焦距 35mm，光圈 f/4，速度 1/2000s，ISO200

构图是艺术表达的一种方式，潜在也好，明确也好，要与作品的创作风格相称。摄影师的画面体现着一种简而硬的风格，无论是作品的取景、调子，还是人物的姿态、表情，甚至三分法的构图也被他运用到极致，给作品带来了纯理性的梦世界。

8.4　中心构图

　　将主体放置在画面中心进行构图，是最经典的构图方式。这种构图方式最大的优点就在于主体突出、明确，而且画面容易取得左右平衡的效果，对于严谨、庄严和富于装饰性的摄影作品尤为有效。但中心构图法过于严谨而缺乏变化，它不是一个万用的构图良策。我们总结出以下几种题材，比较适合于使用中心构图法，大家可以放心使用。

1.经典、地标性建筑。

问号 摄
焦距 18mm，光圈 f/3.5，速度 1/40s，ISO640

对于那些历史悠久的建筑，它的正面形象如此经典端庄，它就是以中心对称的审美进行设计的，我们又怎能不去用适合的中心构图来拍摄呢？

陈杰 摄

焦距 35mm，光圈 f/4，速度 1/250s，ISO200

中心构图法的形式感非常强，和当代艺术中的简、直、白，重形式感的表达方式相合。所以，简单地说中心构图法过时了、死板等言论，有失偏颇。构图方法是创作手段，无法界定好与坏、新与旧。

2.静态、传统风格的人像或纪实摄影。

Gyeonlee 摄

焦距 50mm；光圈 f/2；速度 1/30s；ISO200

经典的画面，雨后，暗黑色的环境背景中，
拖曳长裙的新娘在画面的正中心，有着
古典绘画的庄重与沉稳。

问号 摄

焦距 35mm，光圈 f/8，速度 1/1000s，ISO200

多数的纪实抓拍，完全是下意识地发现画面，随手抬起相机，就按下快门。瞬间的出现和消逝，很难让人有重新构图的思考机会。所以，此刻的构图方式，一定是最简洁的中心构图法。可以想象，这张把人物放在中心位置的作品，在拍摄时，一定是偶遇一个黑衣人，将这扇关闭的大门轻轻推开。再遇到这样的场景，不知还要多久。

3.雄伟、壮阔的风光摄影。

史飞 摄
焦距 18mm，光圈 f/11，速度 1/10s，ISO100

面对自然的旷野，这令人顶礼膜拜的自然之神与光芒，一切言语和表达形式都显得矫揉造作。摄影师以一种最朴素的中心构图的创作方式或者更准确地说是印象——印刻下自然的形象。

8.5 线性构图

在摄影画面中，线条发挥着极其重要的作用，可以说，但凡表现景物形态都离不开线条；除此之外，线条还发挥着将不同景物联结在一起，引导观者视线等关键作用。因此，在摄影构图时，一定要把自然的景物想象成为抽象的线条，从而在艺术创作中，将其运用得当。

董帅 摄
焦距 24mm，光圈 f/5，速度 1/125s，ISO1600

在摄影师眼中的很多景物与大众看到的并不相同。对大众而言，这仅仅是一条橘红柱子排列起来的长廊，但在摄影师的眼中，却呈现出色块、形状、线条的抽象画面。对于摄影初学者来说，一定要练就这样一双摄影师的眼睛。

问号 摄
焦距 125mm，光圈 f/5.6，速度 1/125 s，ISO200

自然中的线条都非常柔和随性，我们不仅很
难去控制它，而且在拍摄它的时候还会发现，
它的线条走向之美，是我们无法去模仿和效
法的。这就是自然之美，或许欣赏它，是艺
术家的特权吧！

赵圣 摄
焦距 35mm，光圈 f/8，速度 1/1000s，ISO200

人造的伟大工程，我们创造的、地球上的奇迹，它充满着有力量感的线条，它还体现着它的雄心，
或许是人类的雄心。唯有从俯视的角度，我们才能够看到它的外貌，当我们离开地面越远，看得
越清楚。

Gyeonlee 摄
焦距35mm，光圈f/2，速度 1/300s，ISO320

当人们回看自己，才发现造物的精巧，身
体的优美曲线，是它格外的恩宠。可放眼
望去，这恩宠遍及山水万物，我们又怎能
不格外珍惜呢？

人像摄影很难，难到人像摄影师一生都在探索。人像摄影也很容易，有些摄影门外汉一拿起照相机，就能拍出令人惊呆的好作品。为什么？

人像摄影难，难在技术——用光、构图、色彩，光圈、快门、速度，前期、现场、后期，钻研起技术来，没有穷尽……

人像摄影容易，只要有感觉、有思考，拍起来就很轻松、很快乐，而且越拍越上瘾，越拍越有品，越拍越有新想法……

我们就上一节容易的人像摄影课——如何设想一个主题、一种风格或一个环境背景，用讲故事的方法，去拍摄好一组人像作品。在此我们特别感谢摄影师 Gyeonlee，不仅感谢他在这一课当中的精彩人像作品，同时还感谢他将那些隐藏在照片背后的思考分享出来，以及他对此所做的探索。

第9章

Gyeonlee 摄
焦距 35mm，光圈 f/2，速度 1/750s，ISO200

设定情景拍人像

　　这是一组被事先设计好用黑色为主题的人像作品。黑色是不好控制的思考，它隐含着阴郁、消沉，拒绝着观者，隔绝着交流。让我们通过仔细分析这组作品，看看摄影师是怎样让黑色有了诱人的俏丽。

　　在表现这个抽象主题过程中，大致要有这样的设计。

- 模特选择的服装是黑色的，而且是不反光的料质，配合主题。
- 选择的拍摄地点是在林间，地面有茂密的草地。绿色的植物，便于在后期处理为深色影调。
- 拍摄的光线，是在一个略有薄云的阳光天气。摄影师多是运用自然光，配合反光板。
- 整个暗调作品中的高光，表现在模特裸露的皮肤上。这需要在拍摄时，专门针对人物皮肤部分进行测光，这样才能压暗整个环境背景，而单独突出人物的肩膀和面部。
- 在把握人物神态瞬间时，多抓取她渴望或仰望的神态，加强感情的高光点。

Gyeonlee 摄
焦距 50mm，光圈 f/2，速度 1/2000s，ISO200

技术提示

　　拍摄黑色低调作品，如使用评价测光，则需要在自动曝光的基础上，相应减少 1EV 以上的曝光量。

Gyeonlee 摄
焦距 50mm，光圈 f/2，速度 1/1000s，ISO200，曝光补偿 −1Ev

Gyeonlee 摄
焦距 50mm，光圈 f/2，速度 1/800s，ISO200

9.2　我为婚纱狂

我们常见的婚纱照，通常都是"影楼范儿"——白背景、高调、眉目传情等。但这里的作品，体现的情感是完全不一样的——爱穿婚纱，仅仅是爱穿白色的婚纱的感觉。

Gyeonlee 拍摄的穿婚纱的人像，着重通过人物的姿态、神态，来表现女性的内心感受，传递着女性复杂而细腻的情感。在这些作品中，女性有着庄重、典雅的一面，有着自恋、自由的一面，还有着些许的放纵、些许的压抑……

婚纱照不容易出彩。但这里却从设想之初就跳出了"婚纱照是为结婚而拍"的思想局限，这是女性的独角戏，让人物随性地释放内心。

技术提示

在自然环境拍摄婚纱人像时，如使用照相机的评价测光，则需要在自动曝光的基础上，相应增加 0.5EV ~ 1EV 的曝光量。

Gyeonlee 摄
焦距 55mm，光圈 f/2，速度 1/800s，ISO200

Gyeonlee 摄
焦距 50mm，光圈 f/16，速度 1/300s，ISO200

Gyeonlee 摄
焦距 50mm，光圈 f/2，速度 1/300s，ISO200

　　我是女生，是表现单纯女孩的作品。作品中体现着女孩的自由、随性、放松的状态。而这些作品也带着轻松、自由、随心所欲的拍摄特点，比如拍摄场景的随意性，构图的奇特感觉，动态瞬间的抓取。

　　这样的作品创作，很多都是随机的，女孩的自由发挥，决定摄影师的拍摄一定要随机应变。看似随意的拍摄，其实非常考验摄影师的功底，固定套路的拍摄容易，随机拍摄难。但我们可以在解读每一幅作品时，得到一些拍摄经验。

Gyeonlee 摄
焦距 50mm，光圈 f/2，速度 1/1500s，ISO200

画面一定要有变化，要有不同。躺下来拍一张，睁大眼睛看着我，却还是差那么一点，应该怎样做？太好了，就这样，我用一只镜头看你，你也用一只眼睛看我。

技术提示

　　抓拍人像一定事先设定好相机，常用人像抓拍数据：光圈优先 Av 模式、f/2.8；使用中心对焦点，对焦后调整构图。

Gyeonlee 摄

焦距 50mm，光圈 f/2，速度 1/8000s, ISO320

你也游戏，我也游戏。女孩俏皮地开起了
玩笑，不如我也配合把玩笑进行到底，抬
手就拍下，我也回敬一礼。大家哈哈一笑，
摄影就是一个游戏。

Gyeonlee 摄
焦距 50mm，光圈 f/2.8，速度 1/2500s，ISO200

Gyeonlee 摄

焦距 50mm，光圈 f/4，速度 1/4000s，ISO200

拍摄瞬间最重要，女孩自由放松坐在草地上，侧头朝天正在等着拍摄。还用等吗？何不先抓拍一张。构图不要太死板，什么地平线在画面中心不好，什么灯塔在人物头顶有问题。美的画面，不一定是完美的画面。

9.4　公路旅行片

公路，是一个特殊的拍摄地点，我们通常都会忽略这样的场景。匆匆赶往目的地，去得到或去完成某个目标，从来没有考虑过程中的拍摄。其实，公路电影题材，是好莱坞电影的一个重要类型。这类电影，通常表现着一种紧张、意外以及激烈的节奏、压抑的喘息等情感。随时停下来，以路边的流动餐车、汽车旅馆或仅仅是车流为环境拍摄，都能带来与众不同的感受。有些拍摄创意是灵光一现的，但你能够抓住它吗？

Gyeonlee 摄
焦距 50mm，光圈 f/4，速度 1/1000s，ISO200

技术提示

在公路环境拍摄，光线条件不可控，往往是强烈的日光，造成人物脸部的明暗阴影对比，最好使用闪光灯或反光板进行补光。

Gyeonlee 摄
焦距 50mm，光圈 f/4，速度 1/3000s，ISO200

Gyeonlee 摄
焦距 50mm，光圈 f/4，速度 1/2000s，ISO200

9.5 远方车站片

　　以车站为拍摄场景，会带有浓浓的流浪与思乡的情绪。车站环境的拍摄，好处在于符号性的景物很多，比如列车、站牌、时钟，以及延伸的铁轨、闪烁的信号灯等；可这也带来一定的劣势，就是环境容易杂乱，干扰主体人物。此时就需要拍摄者有精粹景物的能力，构图以突出主体人物为基本原则，每一张照片中车站的景物最好以仅有一两个为限。此时充分利用镜头的虚化作用，虚化掉不重要的景物；或是利用逆光等效果，遮盖掉杂物。

Gyeonlee 摄
焦距 50mm，光圈 f/3.5，速度 1/250s，ISO320

进站的列车，与人物犹疑的神态，好像在问：离开还是留下？

技术提示

　　在车站拍摄时，一定要关注到复杂情况对拍摄的影响。如突然到达的列车、来来往往的旅客，最好远离或是等他们走远后再继续拍摄。

Gyeonlee 摄
焦距 50mm，光圈 f/5，速度 1/250s，ISO200

利用铁轨和站台屋檐的线条，加强构图的
形式感，并传达出通向远方的流浪心情。

Gyeonlee 摄
焦距 50mm，光圈 f/5.6，速度 1/2500s，ISO200

Gyeonlee 摄
焦距 50mm，光圈 f/8，速度 1/1000s，ISO200

傍晚、夕阳这样的时刻，是最适合拍摄的。逆光拍摄时，多利用铁轨、路面的反光；顺光拍摄时，
可以多增加站台廊柱的光影效果。

9.6　蓝色地中海

　　旅游纪念照，也可以拍摄出大片的感觉。最重要的就在于拍摄思路的转变：我们不能固守一定要在最有名的地标处（比如著名的广场、教堂拍摄），拍摄时一定要面对照相机摆出一些固定姿势等这样的拍摄套路。这一组照片，并不是在某处明确的旅游名胜拍摄的，人物也经常处于低头或背身，但这不但不影响表达，甚至还更吸引人——漫步蓝色的大海与山崖上的白色村庄中，这才是真正浪漫的蓝色地中海风情。

Gyeonlee 摄
焦距 50mm，光圈 f/4，速度 1/750s，ISO200

技术提示

　　在阳光强烈的环境中拍摄，一定要更为关注人物脸部的亮度。人物的脸部亮度合适，即使环境背景中的高光部分（如白云、海面和白色墙壁）过曝，也不要紧，毕竟拍摄的是人像，而不是风光。

Gyeonlee 摄
焦距 50mm，光圈 f/4，速度 1/1000s，ISO200

Gyeonlee 摄
焦距 50mm，光圈 f/4，速度 1/1500s，ISO200

9.7　慵懒的午后

　　拍摄人像，多数的照片都是意义明确的。比如是在旅游，或是在聚会，或是感到高兴，或是感到悲伤。有没有考虑过拍摄一组意思含混、甚至是没有意义的照片呢？这是一组意思含混的照片，拍摄的地点不明晰，人物也仿佛完全不在状态，有一点发蔫，有一点游移。这样的状态适合拍摄吗？

技术提示

　　利用自然光在室内拍摄，最佳的地点在窗口，尤其是没有阳光直射的窗口。注意，人物的脸朝向窗外或侧对窗口，光线效果好，而且拍摄容易，效果佳。而人物背对窗户，则形成逆光，拍摄难度就加大了，需要增加曝光量。

Gyeonlee 摄
焦距 50mm，光圈 f/3.5，速度 1/125s，ISO200

Gyeonlee 摄
焦距 50mm，光圈 f/2.8，速度 1/350s，ISO200

9.8　沙发的诱惑

　　在室内拍摄人像的家居环境，包括床、沙发和地毯。这些地方可以让人物感到放松、有亲近感，让她有各种各样姿势、神态来发挥。在家的感觉，可以更随性、更轻巧些，但摄影师在取景和拍摄的时候，可以根据自己的艺术取向，来选取拍摄的角度，使得身体露而不放，情趣引而不乱。

Gyeonlee 摄
焦距50mm，光圈 f/2.8，速度 1/100s，ISO200

俯身在椅背或栏杆的姿势，一定要让人物身体倾斜下来，有亲近镜头之感，而且要突出她的身体线条——肩膀、胸部、腰部和臀部，这是美的关键。

技术提示

　　室内拍摄最大的问题就在于光线，职业摄影师会借助大型的影视灯光，进行复杂的布光。由于是以模拟自然光为原则，所以觉察不到。拍摄类似题材时，我们可以使用闪光灯进行补光，但不要使用自动闪光，最好降低一挡闪光量，保持室内较暗的光效。

Gyeonlee 摄
焦距 50mm，光圈 f/2.8，速度 1/125s，ISO200

在沙发上抱膝而坐，是自然而又优美的姿态。
无论从正面拍摄，还是从侧面拍摄，都是很
棒的角度。此刻表现的重点有两个，一个是
人物的脸部，另一个就是她修长的双腿，其
实腿部优美的线条更引人主目一些。

Gyeonlee 摄
焦距 50mm，光圈 f/2.8，速度 1/200s，ISO200

9.9 　金属女郎

　　拍摄女性人像，思路不能总是固定在表现她柔美、甜蜜、软弱的一面，金属的、冰冷的、不可接近的感觉也未尝不是人像创作的一种思路。重要的是如何去实现作品的拍摄。满是玻璃、金属栏杆的城铁车站，正是这个现代化城市的高物质化、快节奏感、冰冷淡漠的代表，而人物的神情也在表现着拒绝、离开。在确定色调时，同样是暗冷色调。这样的商业片，普通拍摄者不会去拍摄，但其中有很多经验，可以从中学习到。

Gyeonlee 摄
焦距 35mm，光圈 f/2，速度 1/1250s，ISO400

技术提示

　　从低角度向上仰拍，会增加人物身材高挑的感觉。尤其是使得人腿变得修长，脸盘变小，运用得当，可以把普通人都拍摄得像是有着 7：1 的头身比例模特一样。

Gyeonlee 摄
焦距 50mm，光圈 f/2.8，速度 1/100s，ISO200

使用标准镜头，用略低的机位，以不超过
15° 左右的仰拍视角拍摄，人物的身材比例
表现好——腿长、脸小，观者看起来也更舒服。

Gyeonlee 摄
焦距 50mm，光圈 f/2，速度 1/100s，ISO320

Gyeonlee 摄

焦距 35mm, 光圈 f/2, 速度 1/500s, ISO400

用广角镜头, 从更低的机位, 以超过 45° 的视角向上仰拍, 透视关系被夸张。人物的高大甚至对观者形成了压迫感, 配合人物冷漠的眼神, 整幅作品充满着压抑的情调。

9.10 宝贝爱妈咪

　　亲子照注重的是情，可情用什么来表达呢？用故事。一张照片里，如果有了故事情节，会让主人公不断地回放当时的情景，也让观者忍俊不禁。想得到一组好的亲子照片，不做一番准备，很难会有满意的结果。比如事先为拍摄主角们多准备几套衣服，多准备几个小道具，多了解几个拍摄场地，最主要的就是多准备几个简单、巧妙的拍摄想法，这样拍摄出来的亲子照，既丰富多彩，又花样百出。

Gyeonlee 摄
焦距35mm，光圈 f/2.5，速度 1/1000s，ISO200

灵巧的摄影师会在所有的时刻发现画面：仅仅是坐下来休息一会儿，母女俩相视一望，母女情深自然流露。

Gyeonlee 摄
焦距 35mm，光圈 f/2.8，速度 1/400s，ISO200

这是一个最简单、最容易拍摄的场景，而这
又是最有意思、最有纪念意义的画面，我
们只需要记下来，照着摆、照着拍就好了。
这也是一种好的学习方法。

看腻了影楼的婚纱照、结婚照，这组照片是否会令你感到一种拍摄或被拍的冲动呢？相信如果我们作为被拍的主角，是无法疯狂到去这样拍摄；而作为摄影师，我们是否会建议主角去这样表现呢？

也许我们会这样说：西方人的性格更开放，人家是专业模特，这是专业摄影师设计的等。其实，这全是我们的借口，是因为我们不愿这么去做，这么去拍；而且，我们也不擅长这样去做，这样去拍。

摄影应当是自由的艺术，没有不能这样做、不能那样拍的禁忌；而作为创作者的摄影师，应该先打破艺术创作的牢笼与界限。

技术提示

在拍摄人物快速变化身体姿态时，可以使用速度优先模式，高速快门 1/1250s 可以凝固住每一个动作瞬间。

Gyeonlee 摄

焦距 35mm，光圈 f/2.5，速度 1/1250s，ISO400

Gyeonlee 摄
焦距 35mm，光圈 f/2.5，速度 1/1250s，ISO400

Gyeonlee 摄
焦距 35mm，光圈 f/2.5，速度 1/1250s，ISO400

第10章

当旅行遇上摄影

本章节介绍在旅行中，如何
发现有趣的拍摄题材并进行
拍摄，以及相应的拍摄技巧。

10.1 在民宿中

到达旅行目的地，最先给我们新鲜印象的，一定是入住的旅馆、民宿。初到当地的新鲜劲儿，一定会让我们把民宿的里里外外探索一个遍。拍摄民宿时，关注的重点有两个：其一是它的整体效果，包括自然环境、特色建筑、娱乐设施；其二是一些小的细节局部，比如没有见过的花草、雕像石刻、装饰物件等。

建议大家先从细小的景物开始拍摄，去发现新鲜有趣的小物件，在拍摄过程中，会渐渐地对整个民宿有整体的了解，自然就会发现最好的拍摄角度，把整个民宿拍得令人称赞了。

Gyeonlee 摄
焦距 24mm，光圈 f/4.5，速度 1/80s，ISO400

拍摄民宿大的环境，要注重画面的疏松通透感觉。摄影师利用游泳池作为主要景物，所有的建筑、花草树木和休闲长椅都围绕游泳池展开；而游泳池又减少了画面的拥挤感。

技术提示

拍摄细小景物时，要多用 80-120mm 的中长焦距镜头，取景要简洁、集中；拍摄民宿整体环境时，最好使用 24mm 左右的广角镜头，以包容进更全面的景物。

董帅 摄

拍摄细节景物时，首先一定要多、要丰富，看见什么有意思的，都把它拍下来；其次拍的时候，一定要突出，让它在画面当中一定要明显、要大；最后才是技巧的运用。比如使用长焦距镜头，运用大光圈进行背景虚化。

10.2 在小街区

所有的城市都是相似的，而小的街区却各有各的不同。拍摄者再忙，也要抽出时间，徒步走入陌生城市的小街小巷，去寻找和发现另一种生活——当地人不一样的生活。其实，当旅行过很多地方之后，我们会感到，旅行的目的不仅仅是观光，看那些名胜景点，更多的是去感受，体味不一样的生活态度。

董帅 摄
焦距 85mm，光圈 f/2.8，速度 1/1250s，ISO250

在徒步小社区拍摄的过程中，通过发现一些与众不同的景物，比如在发现这样一种墙头装饰雕塑之后，摄影师会更加留意所有宅院墙头上，有没有雕塑，有什么雕塑，这些雕塑和院子主人的兴趣爱好或职业有没有联系等，这样就会拍摄出一组非常有特色的照片。

技术提示

徒步小街小巷拍摄，要配有轻松的心态和轻便的摄影装备，因为你可能一走下去，会发现太多的题材、太多的画面，完全忘记时间和自己的体力。一台照相机和一只 24-105mm 的标准变焦镜头就足够拍摄所用了，最重要的是不要忘记带上微笑。

董帅 摄

小街小巷当中的一切，无论是雕塑、小寺庙或是花草树木，都充满着鲜活的生命力，因为它们总是被居住在这里的人们看着、关注着、爱护着。人与环境的紧密关系也由此产生。这也是摄影师等待一个人出现，拍摄"人 + 环境"照片的原因。

10.3 爱拍照的小孩子

对于摄影初学者来说，拍摄人，尤其是拍摄陌生人是很难的——怕被拍的人看见，怕被拍的人拒绝。这是正常的心理，多数拍摄者都经历过。有一个好的心理突破口，就是去拍摄孩子。其实，多数情况下，孩子们会在拍摄时不请自来，自动地在你面前就开始表演起他的天性来。因为拍照对于他们来说，就是一场游戏，他们是主角。作为摄影师的你，此刻只需要配合表演，快速地按下快门，把他们的各种天真、滑稽、搞笑甚至怪异的表情动作拍摄下来就是了。拍摄完成后，招呼他们过来和你一起回看照片，是更快乐的过程。如果此刻衣兜里还有一些糖果分享，可谓是快乐之极了。

陈述 摄
焦距 35mm，光圈 f/2，速度 1/160s，ISO100

也许我们记下过一些表现苦难的孩子的照片，但最令我们喜欢的，一定是快乐的、发自心灵的、具有感染力的笑容，这种笑容最常出现在孩子们的脸上。在快乐的旅行中，我们最应该关注到，也是最不可以错过的，应该是快乐、是微笑。

技术提示

　　热闹的孩子们会凑到你的镜头前来表演，因此，一定要使用广角镜头来拍摄。使用中心对焦点、中心构图方式等最简单的拍摄技术即可，重要的是抓取最美丽的瞬间，不要过于在意特别的拍摄。

陈述 摄

陈述 摄

陈述 摄

10.4 偶遇小动物

街头的小动物，或是街边店里养的宠物，总是非常吸引我们，无论是它们懒懒的神态，还是怯懦的眼神，小心翼翼的步履。大胆举起你的相机去拍摄吧，相信很少有主人会反对你拍摄，谁不为自己的宠物得到别人的赞赏而自豪呢？

陈述 摄
焦距 55mm，光圈 f/1.4，速度 1/125s，ISO100

宠物与主人，总是有很多很有意思的相同地方。同样圆圆大大的眼睛，同样的神情。无怪乎主人对它宠爱有加，她们之间一定有着什么天然的联系。如果能够征求主人的同意，为她们拍摄一张简单的合影，那简直是一番奇遇了。旅行就是一场寻求奇遇的生活片段。

技术提示

拍摄家养宠物的特写，最好使用 100mm 左右的长焦距镜头，并使用大光圈以虚化背景。条件允许的情况下，可以尽量地贴近去拍摄，这样更为突出主体，并使得背景虚化效果更强。

董帅 摄
拍摄小动物,要注意拍摄角度。从动物眼睛的
高度,水平拍摄它们,则可以将它们的正常身
形表现出来,并使照片中有一定的拟人效果。

10.5　带不回来的纪念品

　　无论到哪里旅行，逛各种小店，买些当地的纪念品，是个必需的项目。尽管买了很多纪念品，但依然有很多喜欢而又没有买的、可爱的纪念品。好在有照相机，可以把它们拍下来，装在记忆里带回来。拍摄纪念品的时候，最好分门别类地进行拍摄，比如摆在一起的罐子拍一张，放在一起的玩偶拍一张。这样，一张照片中的一类物品，既协调统一，而每一个小物之间又有不同，显得非常丰富。当然，拍摄时，最好看看店家的脸色，如果人家实在不让拍，那还是放弃吧。

陈述 摄
焦距 55mm，光圈 f/2，速度 1/60s，ISO160

摆小物的小店和柜台上，都有不同的灯。灯光的颜色不一样，照出小物的色彩也不一样。有时回放照片时，我们会觉得照片有偏色的问题。其实不必纠结于此，店主设计的灯光效果，自有他的道理，照片的偏色效果，没准还添加了一种特别的情调呢。

技术提示

　　使用 50mm 的标准镜头去拍摄同一类的纪念品较为合适，把焦点定在最喜欢的那个小物上，把光圈开到最大，让其他小物有所虚化，画面最漂亮。

陈述 摄

仔细观察，每一张照片都有虚实变化的效果，这是摄影师特意使用大光圈虚化的效果；同时，摄影师从 45° 的斜方向拍摄，
也是重要的拍摄技巧。

10.6　一城一味

　　品尝特色美味，一定是旅行的重要项目；在品尝美味之前，拍摄美味是必需的程序；品过美味之后，把美味的照片发送朋友圈，更是心旷神怡的享受……玩笑归玩笑，其实美味的拍摄，讲求精致，首先要对拍摄的对象有所选择——铁锅炖肉贴饼子，好吃但不上相；清淡小菜，不禁吃但好看。要拍，就一定要拍清淡小菜，颜色俏丽，摆盘讲究，再配合上适当的摄影技巧，朋友圈的赞一定多。

董帅 摄
焦距 35mm，光圈 f/4，速度 1/60s，ISO1000

一道美味和一张好照片，有一些相同之处：越简单的加工方式，越能体现出自身的味道。面对这一盘精致的刺身，只是从食者的角度（接近 45°）去拍摄，就足够体现它带给我们的愉悦感了。摄影师特意在下面增加了弧形的紫色盘子边缘，活跃了画面。

技术提示

　　拍摄美食，从侧上方 45° 的视角拍摄，是专业的做法，一定要借鉴。同时还需要注意使用大光圈让画面有虚化效果，让一盘菜中，也有实有虚，画面才精彩。

陈述 摄

海鲜大餐，一样可以拍出精彩来，重要的是要突出重点：不要拍一大桌子菜，要只拍一盘菜，甚至只拍一勺饭，画面才新奇有趣味。

10.7 朋友的咖啡店

　　旅行中会结识很多朋友，有可能是旅友，有可能是一些当地的同龄人。大家在一起，有着随缘的谈天说地，也有着不同的喜好苦乐，这样的情谊有着很强烈的随机感，但又好像是前生注定一样。既然是缘分，开咖啡店的朋友，为我做了一杯他最倾心的咖啡，而我就要用最擅长的摄影，回敬他一组好的照片。朋友之交，浓如一杯醇厚的咖啡；朋友之交，淡如薄薄的几张照片。

陈述 摄
焦距 50mm，光圈 f/1.4，速度 1/60s，ISO1000

这是一组照片中最为关键的一张，当朋友精心地倒入最后一滴牛奶，咖啡中展现出美丽的花朵的一刹那，这是技术与艺术结合的完美时刻。一定要对这一时刻有预先的设想，提早就在合适的地方，提前做好拍摄准备。

技术提示

　　拍摄一组记录咖啡制作过程的照片，一定要拍摄30张以上的照片，照片中的取景要有大、中、小三种照片：大的照片要有咖啡店的环境，中的要有人物工作的场景，小的要有一杯咖啡或漂亮的咖啡罐的特写等；同时还需要注意拍摄咖啡制作的关键步骤等。其实，这就是纪实报道摄影的拍摄思路。

陈述 摄

10.8 夜的街头

　　只有在旅行中，才有在夜晚漫步街头的想法。在陌生的城市，夜晚神秘莫测，深入其中，有着莫名的历险的感觉，还伴随有一丝心跳的恐惧感。夜晚的都市，呈现出完全不同于白天的异样感受，奇异的城市灯火，描述着另外一个地方，像是梦境，像是异乡，又有一丝丝故乡的感觉。夜晚街头的拍摄，是对奇特景象的发现与探索，抱着一颗好奇的心，用一双特别的眼睛去观察，会创作出只有自己独有的作品来。

董帅 摄
焦距 24mm，光圈 f/4，速度 1/30s，ISO2000

技术提示

　　拍摄城市街头的夜景，最好围绕着光与影来寻找影像。特殊的打光，会令普通的物体呈现出奇异的效果。拍摄时，一定要在自动曝光的基础上减少 2EV 的曝光量，突出这种奇特效果。

董帅 摄
焦距 24mm，光圈 f/5.6，速度 4s，ISO100

这两张神奇的照片，实在是想不明白是
怎么产生的，只有身临其境的摄影师，
才会对此心中有数。知道怎么拍的又能
怎样呢？漫步夜的街头，发现奇景，创
作奇景的过程，才是最美的回忆。

董帅 摄
使用自动白平衡设置拍摄夜景时，如果是街灯刚亮还有天光的时候，画面会有蓝紫色的调子；而在深夜拍摄，则会有黄绿色的调子。

10.9　在市场上

　　爱旅行摄影的人都知道，在拥挤的旅游夜市拍摄，简直是一场灾难。不如去一些只有当地人才光顾的、小的海鲜市场，蔬菜早市，那里不但人少些，更有利于拍摄；而且那些新鲜的水果蔬菜、海鲜特产，拍出来色彩艳丽，更吸引眼球。而且，对于你这样的一个外来者，这些快乐的商贩们，一定会乐于给你展示他最得意、最新鲜的商品的。毕竟，你在经历一个奇异的过程时，也给他们的生活带来了新奇的变化。

陈述 摄
焦距 25mm，光圈 f/2，速度 1/60s，ISO100

画面中最吸引人的地方，除了菜墩上的大鱼块外，更有那些鲜亮的颜色——草绿色的围裙，深蓝色的衬衫，黄色的箱子，还有藏蓝色与深棕红色的围墙，这里简直就是颜色的海洋。色彩，是摄影的一个重要创作手段，与构图、用光一起，成为摄影的三驾马车。

技术提示

　　在小市场拍摄时，拍摄器材一定要简单实用，一台相机和一只标准变焦镜头（24-70mm）足以。如果觉得镜头拍摊位不够全，可以退一步；觉得拍水果不够大，可贴近些。不要想着更换镜头，要省却不必要的麻烦与危险。

董帅 摄
水果摊位也是个绝佳的拍摄题材，这些来自大自然的植物果实，颜色自然，摆在一起有着天然的协调感。但请更关注卖水果的人穿的裙子，极具热带风情！

10.10　梦想列车

　　如果你敢于搭乘当地人乘坐的日常列车，那你就掉进了创作的天堂。因为这里充满着真实的、鲜活的人的生活。列车是一个特殊的地方，它连接着一个地点到另一个地点，对不同的人来说，也许是已知与未知之间，也许是天堂与地狱之间，也许是现实与梦想之间……人们在列车上的状态也不同，有沉静安稳的，有躁动不安的，有沮丧的，有幸福的……而对于一个摄影师来说，则是一个不断按下快门，由凝固的时间组成的幻灯片。

陈述 摄
焦距 25mm，光圈 f/2，速度 1/60s，ISO100

在火车上做一个外来的、安静的拍摄者，当地人会友好地对待你。因为他们喜欢一个摄影师真正来关注生活，真正想了解他们的家乡。他们会对你报有友好的笑容，他们一定把你当作一个友好的客人。因此，放开来拍摄吧，别担心。

技术提示

　　在火车上拍摄，受到车厢空间的限制，实用广角变焦镜头（17-35mm）比较合适。而在拍摄模式的选择上，建议使用速度优先 Tv 模式，并设定使用 1/1000s 以上的快门速度，这样才能保证在开动的火车上，把照片拍摄清晰。

董帅 摄
焦距 24mm，光圈 f/4，速度 1/80s，ISO800

如果你遇到一群年龄相当的年轻人，那你简直能拍摄一组类似《泰坦尼克号》的大片了，看这群年轻人，像不像搭上泰坦尼克号，奔向梦想天堂的杰克！

风光作品，是吸引多数摄影爱好者走上创作道路的初始，我们为其中优美的景物、艳丽的色彩而折服，但除了美丽的"糖水大片"之外，还有其他形式的风光摄影作品吗？

风光摄影的形式很多，有一种经典的风光摄影需要我们格外注意——如果音乐是用音符来舞动的，这类风光作品，就是用光影在跳舞。那就让我们来领略一下光影舞动的摄影作品吧。

第**11**章

风景在光影中舞动

11.1 耶稣光

　　耶稣光，有时也被称为戏剧性光线，它就好像是戏剧舞台上的追光灯效果。一缕强光照射下来，打在主角的身上，而舞台上其他部分一片黑暗。由于这种光效非常神奇，而且经常用于传统宗教绘画，表现天神降临，向人间显现神迹等，就有了"耶稣光"的称谓。

　　耶稣光的出现很罕见。在夏季的狂风骤雨的前后，浓云翻滚密布，有时乌云之间会裂开一道细缝，让阳光洒下来，就出现了神秘的耶稣光。耶稣光出现的地点，大多是高山、草原、旷野和无边的海洋等，当然，有时也会在城市出现。

史飞 摄
焦距 45mm，光圈 f/16，速度 1/60s，ISO100，曝光补偿 -2EV

耶稣光的出现，根本就是出人意料的，而且动作稍慢，它又会很快消失。拍摄的时候，摄影师的经验和技术非常重要。从这幅作品分析来看，在构图完成后，首先要考虑的是对焦问题，此时不能对准天空亮光处对焦，也不能对准光线照射到的远处山峰对焦，耶稣光过强，会影响自动对焦功能。此时只能对准近景处的黑暗山峰边缘对焦，然后再减少 2EV 曝光量，进行拍摄。

技术提示

　　在拍摄耶稣光时，如果使用自动曝光，一定要记得减少曝光量，才能显现出耶稣光的神奇效果。在把握不准减少的曝光量的情况下，可以就一个构图，多拍摄几张，并减少不同的曝光量，以提高成功率。建议拍摄 3 张，分别为 -1.5EV、-2EV、-2.5EV 的曝光量。

史飞 摄

变换焦距，可以展现耶稣光的不同效果。长焦距镜头，更能够突出强烈的光影变化；而使用广角
镜头，可以突出现场感，更有身临其境的震撼感。

11.2 水中影

　　水中倒影，神奇而又令人迷惑。利用倒影拍摄的经典摄影作品，不仅是风光，在纪实、人像和纯艺术影像中也有很多。而在风光创作中，经常让水中的倒影与现实景象同时出现，让两者相比相合，以重复的方式，强化画面的形式感；同时，还有以单独拍摄水中的倒影，形成特效的影像作品。而对于水中影的摄影创意技法，非常多而复杂：观察和拍摄角度不同，影像效果不同；光线不同，明暗影调也不同；水面波动不同，倒影影像的变化更是万千……水中影，简直有勾人魂魄、迷人心灵的力量，真值得下一番功夫去研究拍摄。

史飞 摄
焦距 18mm，光圈 f/11，速度 1/10s，ISO100

在拍摄倒影时，利用中心构图法，增强真实与幻影的强烈对比，可以让画面更有视觉冲击力。

技术提示

　　在拍摄倒影时，一定要注意水面的倒影，要比其对应的真实场景更暗。如果使用自动曝光，水面倒影的曝光合适，会导致真实场景过曝，损失高光部分的细节。因此，在拍摄时，最好减少 0.5EV 的曝光量，确保真实景物的正确曝光。

问号 摄

当我们意识到一个创作主题后，需要更多的思考，更大量的拍摄。这样，我们对主题的理解才能越来越深入，越来越清晰，拍摄的作品也越来越成熟。摄影师关注到水中的倒影，从倒影与实景映衬的大的视角，逐渐于只关注到水中的倒影，再到更细腻的倒影的局部，最后到水影与枝条结合，把这一个题材的表现力发掘到极致。

史飞 摄
焦距 14mm，光圈 f/22，速度 5s，ISO100

拍摄风光，不仅仅是一个记录自然美景的过程，更是一种思考、思想的过程。这是一幅能够带人思考的画面，一排淹没在水中的、有着奇诡的枝丫的树，与它自己的水中的倒影，形成一幅如梦中所见的画面。但试问我们自己，如果真的在现实中遇到它的时候，我们会发现其中藏着画面吗？会有意识地把它拍摄下来吗？

11.3　超现实的风景

　　在绘画艺术中，有一种超写实主义绘画风格，其作品通常都是大尺幅画作，其绘画的主题通常都是一些日常的场景，比如一个带有游泳池的庭院，仔细观赏画作，其画面精细得如同照片，甚至比照片还要精细，令观者惊叹。超写实主义，就是要把现实表现得更现实，就如同拿着一把放大镜，把庭院的各个地方仔细地看上一遍一样。

　　摄影创作中，也有一种超写实的创作手段，就是利用小光圈（如 f/16）把取景中的所有景物都拍摄得清晰无比；同时，还利用广角镜头的透视效果，使得近处与远处的景物，产生视觉比例变形。不但超写实，而且还是一幅来自于自然而又超越自然的风景作品。

史飞 摄
焦距 16mm，光圈 f/16，速度 30s，ISO100

使用小光圈，把近到半米的冰晶，远到无穷的雪山都清晰地展现眼前。不多介绍其中复杂的摄影技术，但去品味摄影师的创作思路，近处的一个手掌大的冰晶，与远处夕阳下的雪山，在物质本体上，就有着微妙的联系；而近大远小的透视变形，与视觉心理上大小比例，会让我们越来越体会到作品中很多隐含的独特味道了。

技术提示

超现实风景作品的创作，通常会涉及以下特殊拍摄技巧。

1. 全景深清晰效果：利用小光圈（f/16、f/22）。

2. 长时间曝光：速度在1s以上，必须使用三脚架固定拍摄。

3. 对焦技术：焦点选择在近景上，如无明确近景，则选择近处1/3处。

史飞 摄
焦距 24mm，光圈 f/22，速度 5s，ISO100

画面中有静的水与动的水，还有看得见的水与看不见的水，试问，我们真的理解这个现实的世界吗？

11.4 时间海

拍摄大海，除去蓝天、白云、碧海的旅游风景名胜照，还能有什么拍摄方式吗？不如尝试利用控制曝光时间，来使大海呈现出不同寻常的效果来。

通常情况下，我们在白天拍摄大海，使用的都是 1/60s 到 1/1000s 的常规曝光时间。而在这里介绍的拍摄技法，拍摄时间要选定在日出前的黎明和日落后的傍晚时间段，而曝光时间呢，是在 1s 以上，直至 2 分钟的曝光时间。通过这种长时间的曝光，会让大海在照片中呈现出人们从来没有见过的样子，超越现实的时间海。

陈述 摄
焦距 24mm，光圈 f/9，速度 1/2 s，ISO100

面对一平静的海面，如果我们同样使用 1/2s 的曝光时间，所得到的就是我们眼睛所见的景象——海面平滑如镜，高反光有天空的云霞。

史飞 摄
焦距 24mm，光圈 f/8，速度 1s，ISO100

拍摄高速扑打的海浪，使用 1s 的拍摄速度，可以记录下浪花向四面八方运动的轨迹，形成拉长的线条。这些白色的线条，能够表现出海浪的速度感和力量感。这种拍摄技法专门针对拍摄疾速的海浪，而主要目标就是海浪。

陈述 摄
焦距 24mm，光圈 f/8，速度 2 分钟，ISO100

可针对平静的海面，如果我们把曝光时间延长到 120s（2 分钟），就可以发现，海面变成了雾气朦朦的样子，好像是浮着一层薄雾。这是因为再平静的海面，其实也有着微微的浪涌起伏。在拍摄时，要格外注意，针对平静的海面，一定要运用超过 1 分钟的曝光时间，才能把朦胧的海景拍摄出来。

技术提示

　　使用长时间曝光技术拍摄大海，必须要利用三脚架来进行稳定的拍摄。拍摄地点选择在带有礁石的海岸边，最好是有一定的海浪起伏。这样运动的海浪效果与固定的礁石，可以在画面中形成动静对比。

史飞 摄
焦距 24mm，光圈 f/22，速度 15s，ISO100

同样的海浪运动速度，如果增加曝光时间到 15s，我们发现浪花不见了，而变成了类似白色浓雾的样子。照片中海浪强烈的动势消失了，取而代之的是沉静的感觉。在这样的画面当中，主体是大海和石滩。对比两幅作品，我们就可以感受到不同的创意效果。

11.5 云影飘移

在电影、电视中，我们经常会看到一个表现时间快速流逝的动态画面，这个画面是采用特殊的拍摄技法——延时摄影拍摄的。用延时摄影拍摄云彩，视频中的云彩会在短时间内快速飘移流动，场面震撼。它的其中一种拍摄技法是：固定拍摄器材（如摄影机、照相机等）的机位，然后每隔几秒钟拍摄一张静态照片，连续拍摄 10 分钟以上，再把照片连续播放（每秒 24 张）。这样就可以形成云影飘移的动态画面效果。

在摄影中，也有类似于延时摄影的拍摄技法——长时间曝光，它的拍摄技法同样是将拍摄器材固定在三脚架进行拍摄。与延时摄影不同的是——用长时间曝光进行拍摄时只拍摄一张静态照片，而这张照片的曝光时间（速度）一般在 15s 以上，在使用减光镜的情况下，照片的曝光时间甚至可以延长到 2 分钟。曝光时间不同，云影飘移的静态画面效果也是不同的，具体的曝光时间要根据现场光线以及云彩移动的速度来决定。调整对了快门时间，我们就可以在照片当中看到静态的云影飘移了。

史飞 摄
焦距 17mm，光圈 f/16，速度 15s，ISO100

最适合于拍摄云影飘移的时间，是在太阳落下后的傍晚。但由于此时天光还很亮，所以即使把光圈收到最小，也无法在长时间曝光的情况下得到理想的云影飘移效果。此时，解决的办法是使用减光镜。减光镜又称为中灰密度镜、中性灰度镜或简称灰度镜、ND 镜等，它是一个可以让光线暗下来的滤镜，有时还需要同时使用几块减光镜减少进入相机的光量。

史飞 摄

焦距 17mm，光圈 f/16，速度 2 分钟，ISO100

技术提示

　　拍摄云影漂移时，一定要使用超长的曝光时间（5 分钟以上），因此要使用到手动曝光，光圈要设定到最小（f/22 或 f/16），曝光时间（速度）要超过 300s。此时，需要使用一个特殊拍摄模式——B 模式。B 模式是专门为超长时间曝光而用，设定 B 模式后，第一次按下快门，照相机打开快门开始拍摄（曝光）；时间到了，拍摄者要第二次按下快门，结束拍摄（曝光）。这其中的间隔可以是几个小时，只要照相机的电池电力充沛。

11.6 光影五彩山

拍摄五彩山奇特的地形地貌，最难的就在于光影的把握，而光影的造就，一定是在特殊的时间和特殊的天气下。如果我们仅仅是在常规的时间，如上午10点到下午3点之间，太阳从天顶直接，亮闪闪、明晃晃地照射下来，地面会形成强烈的反光，五彩山的颜色是显现不出来的；如果在半阴天，那更是会出现乌突突的画面效果，没有明暗的反差。拍摄这样的题材，时间最好选择在日出1小时内，以及日落前后的2个小时之间，此时的光线角度低，可以在山峦间形成明暗变化的阴影；而且太阳光线中还带有金黄的暖色调，可以让五彩山的颜色更震撼。

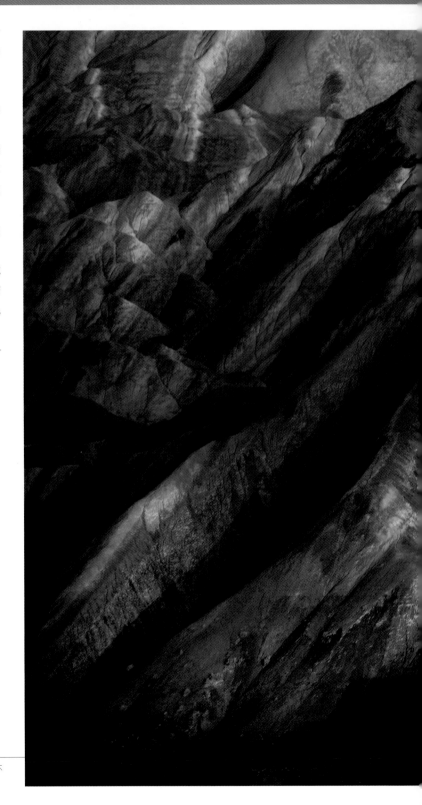

史飞 摄
焦距 175mm，光圈 f/11，速度 1/30s，ISO100

傍晚的光线，充分展现着神奇的魅力，一定不能错过这最后的一缕阳光。

史飞 摄
焦距 24mm，光圈 f/11，速度 1/320s，ISO100，曝光补偿 −1Ev

日落时分遇到突如其来的暴风雨，是难得的创作机会。此时多关注天空的云影变幻，尤其是出现耶稣光、彩虹等奇特的天气现象时，一定要注意把握。

技术提示

　　找到最佳的取景地点，是拍摄的关键。对于五彩山的拍摄，有了张艺谋的电影《三枪》，当地老乡一定乐于带你去大师的取景地点的。有了大师的视点，再以此为基础，四周开发一下自己的视点，不就"站在大师肩膀上"了吗？

史飞 摄
以不同的视角和取景，拍摄五彩山的各个局部，再把这些局部的照片组合在一起，无论从艺术上，
还是从地理上，这都是一组有意义的作品。

11.7 城市的乐章

　　城市夜景的拍摄，要想拍出精彩的作品来，要把握住两个要素：取景题材与技巧。取景题材，一定要选取最有名的、地标式的、有特点的建筑，如展馆、大厦、高塔或桥梁等，即使有人拍摄过的，也可以再拍，毕竟不同的拍摄者有不同的拍摄思路，有不同的拍摄取景、不同的技巧、不同的拍摄时间、甚至是不同的拍摄天气和光线等，只要用心，各个人的作品都会有所不同。而拍摄技巧，则要使用长时间曝光的技巧，根据现场光线的强弱，使用 5 ～ 10s 的曝光时间，让围绕建筑物的道路成为车灯的河流，虚化掉道路上的车辆，才能显现出城市建筑的魅力。

赵圣 摄
焦距 14mm，光圈 f/10，速度 4s，ISO200

技术提示

　　拍摄城市夜景的时间选择非常重要。如果想要作品中的天空是深蓝色的，一定要在日落后 1 小时拍摄，即在春季和秋季拍摄，要在晚上 7 时半左右，而在夏季，要在晚上 8 时半左右拍摄。这时拍摄的作品中，天空中有幽蓝的天光，建筑上有闪耀的灯火，地面上有流动的光的河流，相映成趣。

史飞 摄
焦距 17mm,光圈 f/16,速度 2 分钟,ISO100

　　随着数码单反相机的技术发展越来越先进，尤其是对于弱光的感光技术的提高，不但让拍摄漫天的星斗和璀璨的银河成为可能，而且拍摄的效果越来越好，越来越震撼。拍摄星空的地点，一定要选择远离城市的地方。在空气透明度更高的山顶拍摄更佳。还有无人迹的沙漠、草原等处，也是很好的拍摄地。拍摄时间，要在选择在没有月亮的晚间拍摄，通过查询月升与月落时间，可以确定合适的拍摄时间。

　　它是通过较短的曝光时间来记录下星星在银河中的亮点位置，因此只需要相对较短的曝光时间就可以了。30s 的曝光时间，星星在画面中的运动根本无法察觉。

史飞 摄
焦距 14mm，光圈 f/4，速度 30s，ISO1600

璀璨的银河和冰川以及融水的河流，给人以哲理上的思考，永久的时空，时间的流动……一颗颗流星滑过，才会让我们意识到自己的存在。在快门打开的时候，也是创摄影师陷入思考的时候。

拍摄银河的具体技术要领如下

1. 要将照相机固定在三脚架上拍摄。

2. 使用 17-24mm 之间的镜头焦距，可以拍摄下整个跨越天空的银河。

3. 将感光度调整到 ISO3200。

4. 使用手动曝光 M 挡，将快门速度设定为 30s，将光圈设定为 f/4。

5. 对焦时，如果有前景如山峰等，要对焦到山峰边缘；如果没有前景，则需要手动对焦到夜空（对焦时要仔细观察取景框，直到银河清晰为止）。

6. 按下快门拍摄后，手要离开照相机。在 30s 的曝光时间内，不要去触碰照相机，以免震动。

7. 照相机在曝光完成后，还需要有近 30s 的记录图像的时间，不要着急回放照片。

史飞 摄

11.9 雾中景

晴朗的天气，空气透明度高，拍摄出来的景物清晰明确，而且色彩饱和度高，是大家最喜欢的创作天气。起雾的天气，十个拍摄者有九个收拾器材回旅馆；可就有那么一个越起雾，拍得越起劲。

雾中拍摄，景物模糊，色彩暗淡，而且距离越远，景物越模糊，从专业理解，这是空气透视，即近处清晰，远处模糊。人们习惯了这种视觉心理，在欣赏一幅雾中拍摄的作品时，自然也会感受到画面的纵深感。

同时，雾中的光线，属于高色温，即带有强烈的蓝冷色调，在雾中拍摄的作品，给人以遥远，逐渐远去消退的感受。尤其是海上迷雾的作品，会有神秘消失的意境。

而从构图上来看，雾可以掩盖环境中繁复杂乱的细节，让主要的景物更加突出，甚至它会让景物只以一种轮廓形象出现，变得简洁化、抽象化，因此很多极简的、抽象作品都是在雾中拍摄的。

既然，雾带来了这么多的优势，让我们也端起相机，来创作吧！

问号 摄
焦距150mm，光圈f/8，速度1/400s，ISO100

山中的晨雾，让山林笼罩在一片朦胧之中；村庄的炊烟，比它更浓重，形成了交界。当阳光穿透晨雾，射过大树，将炊烟照亮，可以看到美丽的光影变幻，我们仿佛真的能够看见，光在雾中、在空气中欢快地舞动。

技术提示

在雾中拍摄，如果使用自动曝光，通常拍摄的照片会偏灰暗，体现不出雾的白色质感。这是由于雾对自动测光的正常影响。我们只需要记住，在雾中拍摄，应该在自动曝光的基础上，增加0.5EV～1EV的曝光量，就可以让白雾亮起来，让雾中的景物也能更好地显现出来。

问号 摄

白居易有诗云："花非花，雾非雾。夜半来，天明去。来时春梦几多时，去似朝云无觅处。"可见世间事多如雾，令人难以琢磨，难怪拍摄者着迷于此呢。

11.10 金色霞光

　　说风光摄影师是捕光捉影的人，恰如其分。唯有他们才会苦苦地去追寻光，去理解光，去发现光。而在他们所追逐的光当中，金色的霞光，似乎是他们最钟爱的情人，为了她，他们永远也不觉得辛苦和疲劳。金色的霞光，一定是清晨的第一道阳光；金色的霞光，也一定是傍晚的最后一道光；她们都只是出现或消失在一瞬间，而摄影师们，却总是早早地就等在无人的旷野，或迟迟地留恋，直至夜深。如果，你也爱上了它，就也得像摄影师那样，早出晚归，做一个捕光捉影人。

史飞 摄
焦距 100mm，光圈 f/11，速度 1/100s，ISO100

技术提示

　　拍摄霞光，最难之处就在于测光与曝光，最有经验的摄影师也不会保证，每拍成功。有两种拍摄技术，可以借鉴：

　　1.使用自动曝光（评价测光），并在此基础上减少曝光量拍摄。最好相同构图拍摄三张（所谓包围曝光），分别为减少 0.5EV、减少 1EV 和减少 1.5EV。

　　2.使用点测光，利用取景框中心点测量画面中最亮的部分，以此决定曝光组合。

史飞 摄
焦距 24mm, 光圈 f/16, 速度 1/100s, ISO100

世界屋脊上的晚霞, 真的可以称得上是世界上的最后一道光线。它会以水平甚至是从下向上的角度照射到七八千米以上的雪峰, 以及那些更高的云团, 它不但对山峰以及云团的体积感、重量感的描绘细腻, 而且高强的亮度, 往往会超过照相机的记录范围, 因此在拍摄当中, 一定要根据云团的高光亮度为曝光重点, 避免过曝。

史飞 摄
焦距 24mm, 光圈 f/22, 速度 3s, ISO100

史飞 摄
焦距 24mm，光圈 f/16，速度 1/60s，ISO100

在西藏拍摄，每天的早霞，通常都不会令人失望。即使早起发现乌云满天，认为不会再有灿烂的日出，可一旦略微懒惰一下，没有提早到达预定的拍摄地点，就会发现，就在那一天，金色的阳光穿透乌云，照射出一个神奇的世界。这样的错失，会令你久久不能释怀。